T0335393

Xpert.press

Weitere Bände in dieser Reihe
http://www.springer.com/series/4393

Die Reihe **Xpert.press** vermittelt Professionals in den Bereichen Softwareentwicklung, Internettechnologie und IT-Management aktuell und kompetent relevantes Fachwissen über Technologien und Produkte zur Entwicklung und Anwendung moderner Informationstechnologien.

Wolfgang W. Osterhage

Notfallmanagement in Kommunikationsnetzen

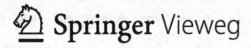

Wolfgang W. Osterhage
Wachtberg-Niederbachem
Deutschland

ISSN 1439-5428
Xpert.press
ISBN 978-3-662-45659-0   ISBN 978-3-662-45660-6 (eBook)
DOI 10.1007/978-3-662-45660-6

Die Deutsche Nationalbibliothek verzeichnet diese Publikation in der Deutschen Nationalbibliografie; detaillierte bibliografische Daten sind im Internet über http://dnb.d-nb.de abrufbar.

Gedruckt auf säurefreiem und chlorfrei gebleichtem Papier

Springer-Verlag Berlin Heidelberg ist Teil der Fachverlagsgruppe Springer Science+Business Media (www.springer.com)

Vorwort

IT-Sicherheit ist in aller Munde: bei Anbietern, Anwendern, Vertriebsleuten, Organisatoren, IT-Verantwortlichen und im Management von Unternehmen und Behörden sowie bei Beratern. Internationale und nationale Standards – in Deutschland der BSI-Standard 100-4 – sind zu diesem Thema entwickelt worden. Da die IT-Strukturen in Unternehmen jedoch sehr heterogen sind, müssen diese Standards entsprechend den Landschaften, in denen sie zur Anwendung kommen sollen, jeweils spezifisch umgesetzt werden. Es gibt also keine vorformulierten Rezepte, die man vom Regal nehmen könnte, um sie dann im Ernstfall einfach umzusetzen.

Eine besondere Herausforderung bezogen auf das Notfall-Management stellen Unternehmen der Kommunikationsbranche dar, die nicht nur ihre eigenen, internen Zwecken dienenden Strukturen schützen müssen, sondern zusätzlich die Netze, die von ihren Kunden genutzt werden.

In diesem Buch werden die Standards ISO 22301 und BSI 100-4 in praxisnahe Vorgehensvorschläge umgesetzt. Dabei wird auch eingangs auf die Besonderheiten der Kommunikationsanbieter bezogen auf deren Technologien und Kernprozesse eingegangen.

An dieser Stelle gilt mein besonderer Dank wie immer der Springer-Redaktion, insbesondere Herrn Engesser, Frau Glaunsinger und Frau Fischer, für ihre geduldige Unterstützung dieses Projekts.

im Januar 2016   Dr. Wolfgang Osterhage

Inhaltsverzeichnis

Abkürzungsverzeichnis

ADSL	Asymmetric Digital Subscriber Line
BCM	Business Continuity Management
BIA	Business Impact Analysis
BSS	Basic Service Set
CRM	Customer Relationship Management
DIN	Deutsche Industrie Norm
DLZ	Durchlaufzeit
DSL	Digital Subscriber Line
DSSS	Direct Sequence Spread Spectrum
EPK	Ereignis gesteuerte Prozesskette
ERP	Enterprise Ressource Planning
FCC	Federal Communications Commission
HAT	Hauptaufwandstreiber
HR	High Rate
IEEE	Institute of Electrical and Electronic Engineers
ISDN	Integrated Services Digital Network
ISM	Industrial Scientific Medical
ITIL	Infrastructure Library
KVP	Kontinuierlicher Verbesserungsprozess
LAN	Local Area Network
MAN	Metropolitan Area Network
MMS	Multimedia Message Service
OSI	Open Systems Interconnection Model
PDCA	Plan Do Check Act
PHY	Physical Layer
PMS	Project Management System
PSTN	Public Switched Telephone Network
SLA	Service Level Agreement
SMS	Short Message Service
THW	Technisches Hilfswerk
USV	Unterbrechungsfreie Stromversorgung
WLAN	Wireless Local Area Network

Einleitung

1.1 Allgemeine Zielsetzung

Notfallmanagement ist mehr als nur die Erstellung eines Handbuchs, das beschreibt, wie man vorhandene Systeme und Anwendungen absichert und wiederherstellt. Die Standards, auf denen wesentliche Teile dieses Buches basieren – ISO-Standard 22301 bzw. BSI 100-4 –, vermitteln, wie ein dokumentiertes Notfallmanagementsystem

- zu planen,
- einzurichten,
- zu realisieren,
- zu betreiben,
- zu überwachen,
- zu überprüfen,
- zu unterhalten und
- kontinuierlich zu verbessern

ist, um sich auf Betriebsunterbrechungen präventiv vorzubereiten, auf diese zu reagieren oder um sich als Unternehmen von Betriebsunterbrechungen zu erholen.

In diesem Buch werden – mit spezifischem Bezug auf Unternehmen der Kommunikationsbranche – vertiefte Erkenntnisse der theoretischen Grundlagen des IT-Notfallmanagements vermittelt sowie ein grundlegendes Verständnis für Risikobewertung und kritische Geschäftsprozesse. Ziel ist es, Leitlinien eines Notfallmanagements und ein IT-Notfallhandbuch entwickeln zu können. Es geht um Praxisorientiertheit und die Bewertung von Prozesse im Unternehmen.

© Springer-Verlag Berlin Heidelberg 2016
W. W. Osterhage, *Notfallmanagement in Kommunikationsnetzen,* Xpert.press,
DOI 10.1007/978-3-662-45660-6_1

1.2   Inhaltlicher Aufbau

Abbildung 1.1 zeigt schematisch den Zusammenhang zwischen den einzelnen Bausteinen dieses Buches. Es wird zunächst ein allgemeiner Überblick über die Norm ISO 22301 gegeben. Hier werden erstmalig die Begrifflichkeiten des Notfallmanagements und in grober Form auch schon die wesentlichen Elemente vorgestellt. Dazu gehören hauptsächlich das Business Continuity Management und die Business-Impact-Analyse für den Notfall. Als weitere Voraussetzung zum Grundverständnis werden anschließend die wichtigsten Typen der Kommunikationsnetze vorgestellt:

- Festnetz
- Mobilfunknetz
- WLAN.

Es folgt ein Kapitel über die Klassifizierung von Risiken. Hierbei geht es immer um die Kombination von Eintrittswahrscheinlichkeit und Auswirkungen bzw. um den Zusammenhang zwischen Risikoarten und Gefährdungsarten. Aus diesen Betrachtungen ergeben sich bestimmte Strategien. Aus den Handlungsoptionen wird letztendlich der Notfallprozess hergeleitet. Dieser wiederum hängt spezifisch ab von der Prozessumgebung des Normalbetriebs. Deshalb ist den Kernprozessen eines Kommunikationsunternehmens ein gesondertes Kapitel gewidmet, in dem beispielhaft der Ersatzteilversorgungsprozess für das Kommunikationsnetz in aller Ausführlichkeit behandelt wird.

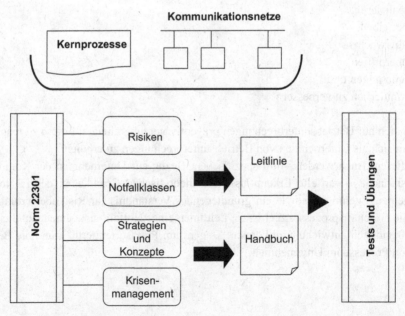

Abb. 1.1 Aufbau des Buches

Damit im Zusammenhang steht die Notfallklassifizierung. Nicht jede Störung in einem Unternehmen ist gleich ein Notfall. Je nach Art des Notfalls verringert oder vergrößert sich allerdings der Handlungsspielraum. Ein Komplettausfall des Netzes stellt eine andere Herausforderung dar als der Teilausfall eines einzelnen Netzknotens.

Aus all diesen Überlegungen ergeben sich Strategien und Konzepte. Die Notfallstrategien stehen in einem organischen Zusammenhang mit den Unternehmenszielen als solche, die Konzepte vereinen auf hoher Ebene die grundsätzlichen Vorgaben für die im Notfall anzuwendenden Verfahren. Diese finden sich wieder in dem großen Feld des Krisenmanagements, welches anschließend behandelt wird.

Der ausführliche Anhang befasst sich schließlich mit der Erstellung einer übergeordneten Leitlinie, den Inhalten eines Notfallhandbuchs sowie den Voraussetzungen für das Testen und Üben der vorsorglichen Notfallprozesse. Weitere Anhänge umfassen:

- Hinweise zum Projektmanagement für die Notfallprävention
- eine Synopse, die den Gesamtzusammenhang der einzelnen Notfallkomponenten noch einmal übersichtlich darstellt, und
- eine Checkliste für die Notfallprävention.

Vorne im Buch findet sich zudem ein Verzeichnis der im Text verwendeten technischen Abkürzungen.

Die Norm ISO 22301 im Überblick

2

2.1 Einleitung

Die Norm ISO 22301 steht für die neueste internationale Richtlinie zum IT-Notfallmanagement (englisch: Business Continuity Management) und wurde im Mai 2012 freigegeben. Ihre Zielsetzung besteht darin, Hilfestellung bei der Reduzierung von Betriebsunterbrechungen durch unvorhergesehene Notfälle zu gewährleisten. Im Prinzip ist die Norm eine Fortschreibung der Standards ISO 31000 und ISO 27001. Sie gilt als universell im dem Sinne, dass sie auf Unternehmen jeglicher Größe anwendbar und unabhängig von den eingesetzten Technologien ist.

In diesem Kapitel wird ein erster Überblick über die wichtigsten Komponenten des Notfallmanagements, die in den Folgekapiteln dann ausführlicher behandelt werden, gegeben.

2.2 Notfallmanagementsysteme

Notfallmanagementsysteme kommen nicht nur zum Einsatz, wenn der Ernstfall eingetreten ist, sondern dienen ebenso der Prävention zur Vorbereitung auf Krisen- und Notfallszenarien. Dabei werden im Vorfeld Maßnahmen festgelegt, die Auswirkungen durch plötzlich eintretende Notfälle auf Kernprozesse einer Organisation (Behörde, Unternehmen) minimieren sollen und ein zeitnahes Wiederaufnehmen normaler Aktivitäten voranbringen. Um diese planerischen Vorbereitungen für alle Eventualitäten sinnvoll gestalten zu können, muss man diese Prozesse und die betroffenen Mitarbeiter und System zuerst einmal identifizieren.

© Springer-Verlag Berlin Heidelberg 2016
W. W. Osterhage, *Notfallmanagement in Kommunikationsnetzen*, Xpert.press,
DOI 10.1007/978-3-662-45660-6_2

2.2.1 Warum Notfallmanagement?

Neben dem reinen Interesse an der Fortführung des Tagesgeschäfts und damit der existen-
ziellen Erhaltung z. B. eines Unternehmens gibt es andere handfeste Gründe für die Konzeptionierung eines Notfallmanagements. Obwohl grundsätzlich gesetzlich nicht explizit
vorgeschrieben, gibt es dennoch gesetzliche und vertragliche Verpflichtungen, die sich aus
dem Geschäftsgegenstand ergeben können.

Dazu gehören z. B. alle vertraglichen Verpflichtungen zur Erfüllung von Lieferungen
und Dienstleistungen, die ein Unternehmen mit Kunden eingegangen ist. In ganz bestimmten Branchen wird die Notwendigkeit für solche Maßnahmen aus anderen gesetzlichen
Vorgaben abgeleitet. Das ist z. B. bei den Banken der Fall, aber auch bei börsennotierten
Kapitalgesellschaften, die dem Gesetz zur Kontrolle und Transparenz im Unternehmens-
bereich unterliegen. Für letztere ist ein Risikomanagement vorgeschrieben. Daneben gibt
es eine Reihe anderer gesetzlicher Vorschriften im Geschäftsbereich, die ein Notfallmanagement erforderlich machen (Kreditwesen, Arbeitsschutz etc.).

Im Falle von Kommunikationsunternehmen bestehen die vertraglichen Verpflichtungen

- in der Bereitstellung ausreichender Netzkapazitäten, um Kommunikation der Kunden
  zu ermöglichen,
- in der Bereitstellung von anderen Diensten, für die Kunden Gebühren zahlen, und
- in der Zuschaltung von Kunden, die erst kürzlich einen Vertrag eingegangen sind.

2.2.2 Was ist Notfallmanagement?

Auf den Punkt gebracht, kann man Notfallmanagement folgendermaßen definieren:
   Notfallmanagement ist

- ein systematischer, an den Geschäftsprozessen orientierter Ansatz
  - zur Begrenzung von Ausnahmesituationen,
  - zur Begrenzung von Schadensauswirkungen,
  die durch unvorhergesehene Einwirkungen von außen oder innen entstehen können.
- der Aufbau organisatorischer Voraussetzungen; dazu gehören
  - eine Strukturorganisation, die teilweise im Vorfeld schon aktiv ist bei der Definition
    von Präventivmaßnahmen, aber teilweise erst im Ernstfall zum Leben erweckt wird,
  - eine Prozessorganisation, welche beim Eintreten eines Notfalls aktiviert wird.
- die Entwicklung von entsprechenden Konzepten in Anlehnung an die strategischen
  Ziele einer Organisation und deren Kernprozesse,
- eine rasche Reaktion auf Notfälle unter Zuhilfenahme der vordefinierten Maßnahmen
  und

• die Ermöglichung der Fortsetzung der wichtigsten Geschäftsprozesse im Rahmen der durch den Notfall entstandenen Randbedingungen.

2.3 Standards

2.3.1 BSI

Das Bundesamt für Sicherheit in der Informationstechnik veröffentlicht regelmäßig detaillierte Empfehlungen und Erfahrungsberichte zu Fragen der IT-Sicherheit (wie sein Name es besagt), u. a. in seinem Grundschutzkatalog, nach Veröffentlichung der ISO 22301 jetzt auch ein eigenes Regelwerk für das IT-Notfallmanagement: den Standard 100-4.

2.3.1.1 Der Standard 100-4

Hierbei handelt es sich um ein echtes Regelwerk für den Aufbau und die Dokumentation eines Notfallmanagements mit den Zielen

• systematische Wege für adäquate Reaktionen im Vorfeld aufzubauen, um für den Notfall gerüstet zu sein,
• schnelle Wiederaufnahme von Geschäftsprozessen
  – einmal durch die Bereitstellung eines Notbetriebs während der Notfallsituation
  – zum anderen durch eine systematische Vorgehensweise beim Wiederanlauf der Prozesse nach Beendigung der Notsituation,
• Vermeidung von Notfällen durch entsprechende Vorsorgemaßnahmen sowie
• die Minimierung von Schäden, ebenfalls durch entsprechende Vorsorgemaßnahmen.

Historisch gesehen vollzieht sich dabei ein Trendwechsel von der Notfallplanung zum Notfallmanagement, d. h. um die Konzeptionierung eines eigenständigen Managementsystems. Wie bereits erwähnt, fügt sich dieser neue Standard nahtlos in die Grundschutzvorgehensweisen des BSI mit Methoden, die aus unterschiedlichen Standards, unter anderen den BS 25999, gewachsen sind, ein (Abb. 2.1).

Abb. 2.1 BSI-Standards. (Quelle: BSI)

BSI Standards zur Informationssicherheit

\-

• 100-1: ISMS: Managementsysteme für Informationssicherheit
• 100-2: IT-Grundschutz-Vorgehensweise
• 100-3: Risikoanalyse auf der Basis von IT-Grundschutz
• **100-4: Notfallmanagement**

2.3.1.2 Weitere Standards und Methodologien zur IT-Sicherheit

Da ist zunächst die 2700x-Reihe, die zwar grundsätzliche Richtlinien und Empfehlungen vorgibt, aber hinter den Details zurückbleibt. Durch den ISO 22301 kann man sie als obsolet betrachten.

Im Grunde findet man in jeder Methodologie (ITIL und andere) irgendwelche Hinweise, zum Teil ganze Abschnitte, zu dem Thema Notfallmanagement. Wer solche Methoden nutzt, und wenn diese bereits in einer Organisation eingeführt sind, sollte zunächst dort nachsehen, ob ein Notfallmanagement sinnvoll darauf aufgebaut werden kann. Eventuell sind die dort vorgeschlagenen Maßnahmen durch Elemente aus dem BSI 100-4 zu ergänzen.

2.4 Wichtige Merkmale des ISO 22301

Der Standard stellt Anforderungen an eine Organisation, fordert grundlegende analytische Vorbereitung, eine ausgefeilte Planung und steckt innerhalb bestimmter Geltungsbereiche Verantwortlichkeiten ab.

2.4.1 Anforderungen an Unternehmen

Bei einem IT-Notfallsystem handelt es sich um ein ganzheitliches Managementsystem und weniger um eine Sammlung von Vorschriften. Deshalb ist es unabdingbar, dass die Leitungsebene einer Organisation nicht nur eingebunden wird, sondern das Vorhaben aktiv vorantreibt, wozu auch die Bereitstellung von personellen und materiellen Ressourcen gehört. Zur Überwachung und regelmäßigen Überprüfung werden gesonderte Verantwortlichkeiten benannt (s. u.), die nach oben berichten.

Die oberste Leitungsebene sollte ebenfalls eingebunden werden, wenn es um das Business Continuity Management – also die Weiterführung der wichtigsten Geschäftsprozesse – geht, weil nur sie letztendlich die Prioritäten vorgeben kann. Ein Notfallmanagementsystem ist einerseits wichtig für die Existenz einer Organisation, andererseits aber auch ein Ausweis nach draußen, um das Vertrauen von Geschäftspartnern und Kunden zu erhalten, dass man unter allen Umständen in der Lage sein wird, sein Geschäft weiter zu betreiben. Zu diesem Zweck kann man sich sein Notfallmanagement auch zertifizieren lassen.

Wie andere Managementsysteme auch, unterliegt ein Notfallmanagement einer Art Deming-Zyklus, auch als PDCA-Zyklus bekannt (s. Abb. 2.2). Alles beginnt mit der Planung. Dabei werden festgelegt:

- organisatorische Einbettung
- Management-Verantwortlichkeiten
- Prozessplanung
- Ressourcen.

Abb. 2.2 Kontinuierlicher
Verbesserungsprozess

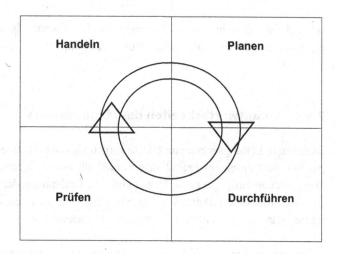

Bei der Durchführung müssen folgende Aspekte erledigt werden:

* Business-Impact-Analyse
* Risikoanalyse
* Geschäftsfortführungsstrategie
* Tests und Übungen.

Das Prüfen dient

* der Bewertung der einzuleitenden Maßnahmen,
* als Basis für interne Audits und
* als Management-Review.

Daraus folgen Konsequenzen für das weitere Handeln als eigentlicher Anstoß zum kontinuierlichen Verbesserungsprozess.

2.4.2   Analyse vor der Planung

Bevor man nun eine (Detail-)Planung für ein Notfallmanagement in Angriff nimmt, muss sorgfältig analysiert werden, wie die strategische Grundausrichtung des Unternehmens ist und wie andere Grundvoraussetzungen der Organisation sich darstellen. Dazu gehört eine Erfassung aller Unternehmensaktivitäten, wie sie beispielsweise in den ERP-Prozessen abgebildet sind, im Falle von Kommunikationsunternehmen die Kernprozesse, wie in Kap. 6 niedergelegt, der wichtigsten Produkte und Verpflichtungen gegenüber Dritten.

Wichtig sind auch die Schnittstellen zu bereits bestehenden anderen organisatorischen Voraussetzungen, wie z. B. ein schon existierendes Risikomanagement, welches Überschneidungen mit einem Notfallmanagement haben kann. Zu berücksichtigen sind zudem die Erwartungen aller am Gesamtprozess Beteiligten sowie die Beachtung gesetzlicher Vorschriften.

2.4.3   Verantwortlichkeiten des Managements

Die oberste Leitungsebene muss dafür sorgen, dass das Business Continuity Management (BCM) nicht zu einem Fremdkörper innerhalb einer Organisation wird, sondern in die übergeordnete Strategie passt. Dazu gehört die Einbindung der BCM-Prozesse in die existierende Prozesslandschaft. Am besten geschieht das dadurch, dass eine BC-Strategie formuliert wird, die folgende Gesichtspunkte berücksichtigt:

- Dokumentation von Zielen und Notfallplänen: Unter den strategischen Zielen sind diejenigen geschäftlichen Aktivitäten zusammenzufassen, die auch im Notfall erforderlich sind, um das Geschäft am Laufen zu halten; die Notfallpläne haben das zu berücksichtigen.
- Bereitstellung von erforderlichen Kommunikationsstrukturen: Das Kommunikationsverhalten in Notfällen gestaltet sich anders als im Normalbetrieb. Entsprechende Kanäle sind zu definieren.
- Festlegen von Verantwortlichkeiten: Für eine funktionsfähige Notfallorganisation sind eigene Hierarchien zu schaffen.

Eine so erstmalig formulierte Strategie mit den zugehörigen Zielen ist nichts Statisches, sondern lebt mit den Veränderungen des Geschäftsbetriebs, ist somit Gegenstand von regelmäßigen Überprüfungen und Überwachungen.

2.5   Leitlinie

Eine Leitlinie gemäß *BSI 100-4* sollte die folgenden Aspekte beschreiben:

- Definition des Notfallmanagements
  - Bedeutung für die eigene Organisation
  - Zuständigkeiten
  - Zusammenwirken mit anderen Unternehmensbereichen
- Geltungsbereich des Notfallmanagements
  - Bereiche
  - Objekte
  - Lokalitäten
  - zeitliche Gültigkeit
- Vereinbarkeit mit den übrigen Unternehmenszielen

Abb. 2.3 Verantwortlichkeiten
der Leitungsebene

◈ **gewähltes Vorgehensmodell**
  – hier *ISO Norm 22301*

◈ **Verpflichtung zur Optimierung des
   Notfallmanagements**

durch die Leitung

- wesentliche Aspekte der Notfallstrategie
  - ausgewählte strategische Ziele
  - Bedrohungsszenarien
  - Risikobereitschaft
  - Schadensszenarien
  - Prioritäten innerhalb des Geschäftsbetriebs
- Vorgehensmodell (hier *ISO Norm 22301*)
- Sicherstellung der Notfallfunktionen (s. Abb. 2.3)
- rechtlicher Rahmen
- formelle Verantwortung durch die Unterschriften der Geschäftsführung.

In Kap. 10 wird die Leitlinie ausführlicher behandelt.

2.6   BCM im Überblick

2.6.1   Phasen und Schritte der BCM-Umsetzung

Die Phasen der BCM-Umsetzung sind in Abb. 2.4 schematisch dargestellt:
   Nach einer BIA (Business-Impact-Analyse, s. Abschn. 2.6.2) erfolgt die Risikobeurtei-
lung unter Hinzuziehung der Fachleute und der Unternehmensleitung. Auf dieser Basis
werden die BCS (Business Continuity Strategy) entwickelt sowie die Verfahren, die einen
Notgeschäftsbetrieb gewährleisten sollen. Nach Vorliegen dieser Konzepte sind daraus
Übungshandbücher (s. Kap. 10) zu schreiben. Nach diesen Handlungsanweisungen können dann Notfälle als Gesamtszenarien oder in Teilen geübt und die Verfahren getestet
werden.

2.6.2   Business-Impact-Analyse (BIA)

Die Business-Impact-Analyse ist ein aufwändiges Unterfangen, welches als Vorsorge-
maßnahme punktuell wichtige Unternehmensressourcen binden wird: Fachspezialisten,
Führungskräfte, Unternehmensleitung. Zu einer solchen Analyse gehören:

Abb. 2.4 BCM-Umsetzung

Phasen und Schritte der BCM-Umsetzung

- Die Sammlung und Identifizierung von Prozessen und Funktionen: Dazu gehören sämtliche Abläufe – nicht nur die kritischen oder zu den Kernprozessen gehörende (letztere werden später gesondert herausgehoben, weil auf ihnen das gesamte Geschäft beruht).
- Zugrunde liegende Ressourcen: Dazu gehört das Personal, aber auch Hardware-Ressourcen wie IT-Einrichtungen, Gebäude, Lagerhallen mit ihrer technischen Ausrüstung. Im Falle eines Kommunikationsunternehmens sind natürlich das Netz und seine Funktionsfähigkeit die Grundlage aller weiteren Überlegungen.
- Abhängigkeiten von IT-Prozessen: Die kritische Frage hinter diesem Aspekt ist letztendlich: Welche Prozessanteile lassen sich sinnvoll auch ohne direkte IT-Stützung aufrecht erhalten?
- Priorisierungen: Spätestens hier muss die Entscheidung über die Kernprozesse fallen.
- Auswirkungen und Wiederanlaufzeiten: Auswirkungsszenarien variieren offensichtlich mit dem angenommenen Notfallszenario, ebenso die projizierten Wiederanlaufzeiten; deshalb müssen unterschiedliche Szenarien durchgespielt werden (s. Kap. 7 „Notfallklassen").

Dies alles sind Voraussetzungen, um eine Risikoanalyse und -beurteilung durchführen zu können.

Die BIA wird in Kap. 8 ausführlicher behandelt.

2.6.3   Strategie und Verfahren

Die Notfallstrategie legt die Minimalziele fest, an denen für einen sinnvollen Geschäftsbetrieb unbedingt festgehalten werden muss. Dazu gehören:

- Festlegung der Wiederherstellungszeiten für kritische Aktivitäten, die sich aus den Kernprozessen ableiten lassen. Bei einem Kommunikationsunternehmen gehört unabdingbar die Funktionsfähigkeit wesentlicher Teile des Netzes dazu.

- Frühzeitige Verfügbarkeiten: werden aus den Wiederherstellungszeiten abgeleitet; ergeben diese inakzeptable Werte, muss über Alternativstrategien nachgedacht werden, bis brauchbare Zielvorgaben erreicht sind.
- Ausrichtung auf die gesamte Geschäftsstrategie und somit integraler Bestandteil der Unternehmensstrategie: Obwohl Notfallstrategie – selbstverständlich muss diese, wenn auch in reduzierter Form, auf die ursprüngliche Unternehmensstrategie abbildbar sein.

All die gerade beschriebenen Überlegungen haben ein übergeordnetes Ziel in sich:

▶   Die Organisation muss adäquate Verfahren dokumentieren, um die Kontinuität von Aktivitäten und die Bewältigung von Betriebsunterbrechungen sicherzustellen!

2.7   Üben und Testen

Man kann und sollte die entwickelten Verfahren auch ohne akuten Notfall testen – und zwar aus zwei Gründen:

- Sicherstellen der Konsistenz der Business-Continuity-Verfahren mit den Business-Continuity-Zielen
- Gewährleistung, dass die gewählten Strategien in Krisensituationen die richtigen Antworten und Wiederherstellungsergebnisse liefern.

In Kap. 10 wird diese Thematik ausführlich abgehandelt.

2.8   BIA und Risisken

Zusammenfassend lässt sich sagen, dass die Business-Impact-Analyse

- eine Methode zur Identifizierung von kritischen Geschäftsprozessen ist,
- die Auswirkungen von Prozessausfällen ermittelt,
- die Abhängigkeiten von Prozessen untereinander aufzeigt und
- die die benötigten Wiederanlaufzeiten generiert.

BIA und Risikoanalyse sind sozusagen das Rückgrat des Notfallmanagements. Sie

- sind Basis für das gesamte Notfallkonzept,
- legen fest, was ein Notfall ist, und
- identifizieren die Zusammenhänge und Bedrohungen.

Abb. 2.5 Schrittfolge bei der BIA

Die Erkenntnis, dass Prozesse eines Unternehmens logisch miteinander verknüpft sind und kaum ein Geschäftsbereich ohne IT-Prozesse auskommt, bedingt die Notwendigkeit, diese Prozesse bei der BIA zu erfassen, um im Nachhinein die kritischen Systeme zu identifizieren (s. Abb. 2.5).

Bei der Bewertung dieser Prozesse sind bestimmte Gesichtspunkte zu beachten. Da geht es um

- alle Auswirkungen (deshalb „Impact") (z. B. logistische, finanzielle, gesetzliche etc.),
- Behinderungen oder die Unmöglichkeit, Aufgaben und Tätigkeiten durchzuführen,
- Imageschäden nach innen und in den Markt hinein und nicht zuletzt
- Leib und Leben der Mitarbeiter.

2.8.1   Risikoanalyse

Das Vorgehen bei der Risikoanalyse ist in Abb. 2.6 schematisch dargestellt. Erst nach BIA und der Ermittlung kritischer Prozesse kann die wirkliche Gefährdung identifiziert werden und – darauf aufbauend – die Entwicklung von Notfallplänen.

Damit ist allerdings noch nichts gesagt über die Akzeptanz bzw. Toleranz gegenüber einem erkannten Risiko. Hier spielen noch einmal andere Gesichtspunkte eine Rolle:

Abb. 2.6 Risiko-Analyse

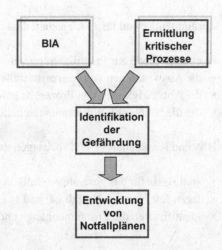

Abb. 2.7 Zusammenspiel von
BIA und Prozessermittlung

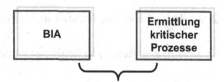

- Gefährdung der Strategie
- Kosten
- Risikobereitschaft der Unternehmensleitung
- praktische Möglichkeiten der Vermeidung.

2.8.1.1 Business-Continuity-Strategie zusammengefasst

Die Ergebnisse des Abgleichs der BIA mit den kritischen Prozessen sind im Zusammenhang mit Abb. 2.7 noch einmal zusammengefasst:

- Entwicklung von Strategien unter Berücksichtigung des oben Gesagten (Risikobereitschaft etc.).
- Identifikation von Maßnahmen: Die BIA-Ergebnisse beschränken die Handlungsoptionen auf das notwendig Leistbare.
- Schutz kritischer Aktivitäten – und später Wiederherstellung im Rahmen der angestrebten Wiederherstellungszeiten innerhalb festgelegter Ziele, die durch die Notfallstrategie vorgegeben sind.
- Integraler Bestandteil der Unternehmensstrategie: Notfallstrategie darf der grundsätzlichen Unternehmensstrategie auf der Zeitachse nicht entgegen stehen.

2.8.1.2 Verfahren

Im Gegensatz zu den strategischen Überlegungen, die ja weitestgehend auf definierte Ziele ausgerichtet sind, die dann durch konkrete Maßnahmen erreicht werden sollen, sind die Verfahren, die dazu entwickelt werden müssen, sozusagen das entsprechende Kleingedruckte. Dazu gehören zu allererst Kommunikationsrichtlinien innerhalb der Notfallorganisation, aber auch nach außen, die im Ernstfall unmittelbar funktionieren müssen. Auch Sofortmaßnahmen müssen praktisch aus der Schublade gezogen werden können, um akute Gefahren abzuwenden – selbst im Falle von Bedrohungen, die nicht vorhersehbar gewesen wären. Aber auch hypothetische Szenarien und deren Auswirkungen auf periphere Prozesse sind zur Schadenseingrenzung zu entwickeln. Über die Dokumentation all dieser Handlungsanweisungen wird im folgenden Abschnitt die Rede sein.

2.9   Inhalte eines Notfallkonzeptes (Dokumentation)

Es müssen eine Reihe von Schlüsseldokumenten entwickelt werden:

- Notfallpläne
  Hierbei handelt es sich um ausgefeilte Prozessdokumentation, die die Verfahren vom
  Zeitpunkt der unmittelbaren Auslösung des Notfallalarms bis zur Wiederherstellung
  des Normalbetriebs beschreibt – mit der zugehörigen Organisation und den Verantwortlichkeiten sowie Zeitplänen.
- Leitlinie
  wird in Kap. 10 besprochen.
- Handbuch
  wird in Kap. 10 besprochen.

Bevor aber all diese Detaildokumente erstellt werden können, muss zunächst ein übergeordnetes generelles Notfallkonzept entwickelt werden. In dieses Master-Dokument flie-
ßen dann die Ergebnisse der Analysephase ein. Das sind insbesondere:

- die wichtigsten IT-gestützten Prozesse: die Kernprozesse des Kommunikationsunter-
  nehmens, als da sind:
  – Produkt-Entwicklung
  – Sales
  – Service Provisioning
  – Service Assurance
  – Billing
- Ergebnisse der Impact-Analyse
- zeitliche Vorgaben für den Wiederanlauf
- die Grobstruktur für eine Notfallorganisation (Notfallverantwortlicher, Notfallkoordi-
  natoren, Krisenstab)
- Kriterien für die Notfalldefinition (Vorfall, Notfall, Krise, Katastrophe)
- Vorsorgemaßnahmen zusätzlich zur Notfallorganisation: technische und logistische
  Redundanzen z. B.

Nach dem bisher Gesagten unterscheiden wir im Rahmen des Notfallmanagements also
die beiden Fälle:

- Notfallvorsorge und
- Notfallbewältigung.

2.9.1   Übungen und Tests

Die Norm 22301 verlangt regelmäßige Tests und Übungen. Nur Tests können aufzeigen,
wie realistisch z. B. theoretische Annahmen für Wiederanlaufzeiten wirklich sind. Somit

sind Übungskonzepte integraler Bestandteil des Notfallhandbuchs. Während der Übungs-
phasen sollte geprüft werden, wie die Performance der Notfallprozesse aussieht, möglichst quantifiziert mit Zeitvorgaben. Dabei sollten Standardprozesse aus dem Normalbetrieb mit den Notfallprozessen verglichen werden. Details dazu findet man in Kap. 10.

2.9.2 Fortführung der Geschäftsprozesse

Wie bereits erwähnt, dienen Notfallpläne dazu, den Geschäftsbetrieb – wenn auch eingeschränkt – fortzuführen. Diese Pläne sollten enthalten:

- Handlungsschritte nach Krisen und Notfällen
- Handlungsschritte zur Inbetriebnahme von Ausweichlösungen.

Dabei sind zu beachten:

- Geltungsbereiche (für welche Organisationseinheiten, für welche Jahreszeiten, für welche Lokalitäten und eventuell Beteiligungsgesellschaften)
- Verantwortlichkeiten auf allen Ebenen und innerhalb der Notfallorganisation selbst
- beteiligte Personen (namentlich zu nennen, was die Notfallorganisation betrifft, an-
  sonsten die Position in der Organisationsstruktur des Unternehmens)
- Eskalationspfade (innerhalb der Notfallorganisation, zur Leitungsebene, nach außen zu
  Hilfsorganisationen)
- Triggerkriterien für Anlauf und Ende der Notfalloperationen (wann sprechen wir über
  einen Notfall, welche Bedingungen müssen erfüllt sein für eine Entwarnung – ohne
  Berücksichtigung eventueller Nacharbeiten)
- Nacharbeitsmaßnahmen: Hierbei ist zu bedenken, dass nach dem Notfall zwar wieder
  der Normalbetrieb eingetreten ist, häufig aber dieselben Ressourcen auch die Nach-
  arbeiten erledigen müssen. In manchen Fällen muss man überlegen, ob bestimmte Tätigkeiten durch temporäre Zusatzkapazitäten erledigt werden können.

Eine besondere Rolle nehmen dabei die Wiederanlaufpläne ein. Sie beinhalten:

- Handlungsschritte zum Wiederanlauf (richtige Reihenfolgen wegen Abhängigkeiten
  von Prozessen untereinander)
- Handlungsschritte zur Wiederherstellung (Wiederanlauf ist nicht gleich Wiederherstellung; Wiederherstellung kann z. B. auch die Neuerrichtung zerstörter Gebäude bedeuten)
- Zyklus: Fehlerbehebung, Aufnahme des Notbetriebs, Inbetriebnahme von Übergangs-
  lösungen, Rückkehr zum Normalbetrieb (s. Abb. 2.8).

Abb. 2.8 Notfallzyklus

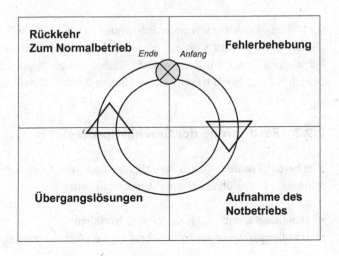

2.10 Fazit

Schritt 1:   Welcher Standard wird gewählt?

Schritt 2:   Was bedeutet Business Continuity Management für das Unternehmen bezogen
             auf die Kernprozesse?

Schritt 3:   Durchführen der Business-Impact-Analyse

Schritt 4:   Vorbereitung von Tests und Übungen

Schritt 5:   Konsolidierung des Notfallkonzeptes

Kommunikationsnetze

3

3.1 Einleitung

Wenn man von Netztopologien spricht, meint man den Aufbau eines Kommunikations-netzes und seine Verbindungsstrukturen, die es ermöglichen, dass mehrere elektronische Geräte miteinander kommunizieren können. Die Kommunikation zwischen den beteilig-ten Geräten braucht dabei nicht immer denselben Weg zu nehmen, sondern kann – je nach Netzauslastung – über alternative Routen geleitet werden. Dieser Gesichtspunkt spielt bei unseren Betrachtungen insofern eine Rolle, als alternative Kommunikationswege auch zu einer erhöhten Ausfallsicherheit beitragen können.

Die Performance eines Kommunikationsnetzes ist abhängig von seiner Auslegung be-züglich

- der Leistung seiner Hardware-Komponenten,
- der Art seiner Verkabelung bzw.
- bei Funknetzen der Ausrichtung seiner Stationen.

3.1.1 Das OSI-Modell

Die hardwaremäßige Auslegung nennt man physikalische Topologie neben der logischen, die die eigentliche Kommunikation als solche beschreibt. Das Zusammenspiel ist im OSI-Modell festgeschrieben. Das Open Systems Interconnection Model (OSI) wurde seinerzeit von der International Organization for Standardization (ISO) entwickelt. OSI ist die Basis für alle Netzwerkprotokolle. Es definiert die Kommunikation von offenen und verteilten Systemen. Dazu bedient es sich sogenannter Protokollschichten – sieben insgesamt. Die-se Schichten bauen aufeinander auf. Wenn von offenen Systemen die Rede ist, sind die

© Springer-Verlag Berlin Heidelberg 2016
W. W. Osterhage, *Notfallmanagement in Kommunikationsnetzen,* Xpert.press,
DOI 10.1007/978-3-662-45660-6_3

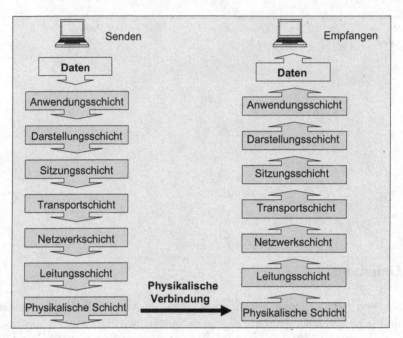

Abb. 3.1 Datenübertragung nach dem OSI-Modell

Systeme nicht an einen gesonderten Firmenstandard gebunden, verteilt bedeutet eine dezentrale Systemlandschaft (s. Abb. 3.1).

Ohne jetzt alle Schichten im Einzelnen beschreiben zu wollen, hier nur einige Worte zur

- physikalischen Schicht und
- Verbindungsschicht.

3.1.1.1   Die physikalische Schicht

Wird eine Kommunikation zwischen zwei Partnern initialisiert, so wird ein Prozess angestoßen, in dessen Folge die verschiedenen Schichten mit den ihnen zugedachten Rollen durchlaufen werden. Das beginnt auf der „physikalischen" Schicht, dem Physical Layer PHY. Hier treten diejenigen Protokolle in Erscheinung, die für den Auf- und Abbau der Verbindung über die beteiligten Komponenten sorgen. Dabei werden die Daten in physikalische Signale umgesetzt. Das Protokoll regelt diesen Vorgang unabhängig vom Kommunikationsmedium.

3.1.1.2   Die Verbindungsschicht

Oberhalb der physikalischen Schicht ist die Sicherungs- oder Verbindungsschicht angesiedelt, die auch Data Link genannt wird. Sie ist zuständig für das Management der aufgebauten Verbindung zwischen Sende- und Empfangsstationen. Diese Schicht garantiert die Integrität der Datenübertragung. Die hierfür verwendeten Protokolle zerlegen die Daten, die aus der physikalischen Schicht her kommen, in Pakete und überwachen dabei gleich-

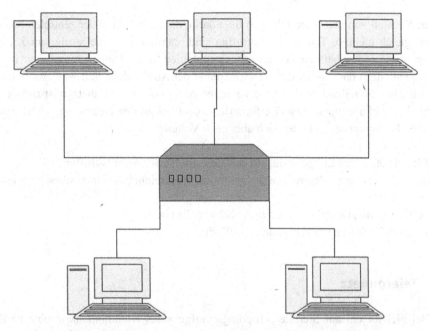

Abb. 3.2 Stern-Topologie

zeitig deren Übermittlung. Sie können Übertragungsfehler erkennen und gegebenenfalls auch korrigieren.

Eine dritte Schicht, die beteiligt ist, die Netzwerkschicht, sorgt für das korrekte Routing derjenigen Datensätze, die als fehlerfrei identifiziert worden sind. Weitere Protokolle betreffen:

- die Transportschicht
- die Sitzungsschicht
- die Präsentationsschicht und
- die Anwendungsschicht.

Wie wir weiter unten sehen werden, gibt es darüber hinaus typisierte Topologien. Ausgewachsene Netze bedienen sich dabei häufig einer Kombination von Topologietypen.

Klassische Netze der Telekommunikation bedienen sich vorzugsweise der so genannten Stern-Topologie (Abb. 3.2).

Wie man aus Abb. 3.2 erkennt, sind die Endgeräte nicht untereinander verbunden, sondern mit einer Zentraleinheit. Das kann ein Switch sein oder irgendein anderer Server. Wir haben es also mit einer zentral ausgerichteten Punkt-zu-Punkt-Verbindung zu tun. Die Zentraleinheit kann unterschiedlich ausgestattet sein – für die Aufgabe des einfachen Weiterleitens an eine vorgegebene Adresse, oder aber auch für eine vorhergehende Verarbeitung von Nachrichten, bevor diese weiter geleitet werden, in bestimmten Fällen der Datensteuerung und anderer Funktionen.

Ein Nachteil von Sternverbindungen liegt darin, dass bei Ausfall der zentralen Steuereinheit gleich mehrere Teilnehmer betroffen sind, nämlich alle, die an diesem Knoten hängen – wie früher bei den Zentralrechnertopologien in der Datenverarbeitung. In der Konsequenz führt das – unter dem Gesichtspunkt der Ausfallsicherheit – zu zusätzlichen Investitionen, um redundante Systeme vorhalten zu müssen. Bei Festnetzen ist zudem ein erheblicher Verkabelungsaufwand erforderlich. Und bei großen Netzen mit vielen Hubs leidet die Performance. Es bieten sich aber auch Vorteile:

- Fällt ein beteiligtes Endgerät aus, ist der Rest des Netzes nicht betroffen.
- Innerhalb der Kapazitätsgrenzen der zentralen Steuereinheit ist ein solches Netz leicht erweiterbar.
- Der Kommunikationsfluss ist einfach nachzuvollziehen.
- Ursachen für Störungen sind schnell auffindbar.

3.2 Telefonnetz

Ein Beispiel für ein auf Sternnetz-Topologie aufgebautes Kommunikationsnetz ist das Telefonnetz. Wir unterscheiden heute Festnetze und Mobilfunknetze. Die Mobilfunknetze werden wir weiter unten gesondert behandeln. Ursprünglich konnte man ein Telefonnetz dahingehend definieren, dass es sich dabei um ein Kommunikationsnetz handelte, welches dem Austausch von Sprache dient.

Das ist nicht nur seit heute anders. Bereits durch die Einführung von Fax-Funktionen wurden existierende Telefonnetze für die Übertragung von Daten geöffnet. Vor dem Einsatz des Internets (und erst recht danach) wurden bestehende Telefonleitungen zur Kommunikation zwischen Rechnern über Modem-Verbindungen genutzt. Mit dem Einsatz des Internets hat sich auch im Festnetzbereich eine Vielzahl von neuen Nutzungsmöglichkeiten eröffnet.

Bei Mobilfunknetzen ist möglicherweise mittlerweile die Sprachfunktion gegenüber anderen Einsatzmöglichkeiten zurückgetreten:

- Versand von Kurzmitteilungen (SMS)
- Versand von Bildern (MMS)
- Musik hören
- seine globale Position ermitteln
- Börsenkurse abfragen
- Kalender synchronisieren
- Wetterdienste befragen und
- Teilnahme am Internet über diverse andere Apps.

Um zur reinen Sprachverwendung zurück zu kommen, kann man Unterscheidungen zu anderen Kommunikationsnetzen treffen:

Tab. 3.1 Entwicklung des Telefonnetzes (außer Mobilfunk)

Datum	Ereignis
1877	Punkt-zu-Punkt-Verbindungen zwischen einzelnen, ausgesuchten Teilnehmern
1881	Telfonzentralen mit manuellen Steckverbindungen
1892	Erste automatische Vermittlung
1908	Automatische Vermittlung in Ortsnetzen
1923	Automatische Fernvermittlung
bis 1990	Analoge Übertragung
Ab 1980	Ausbau der digitalen Übertragungstechnik (ISDN)
Ab 1990	Entwicklung von DSL-Verfahren
Ende 2005	ADSL2+

- manuelle Eingabe einer Adresse für den nachfolgenden Sprachverkehr (Rufnummer)
- temporärer Verbindungsaufbau zur Sprachkommunikation
- Freigabe der Kommunikationsressourcen nach Beendigung der Kommunikation für andere Teilnehmer.

Dabei spielt es keine Rolle, ob es sich um ein öffentliches Telefonnetz oder ein privates, etwa einem Unternehmen zugehöriges, handelt. Technologisch gibt es keine Unterschiede – höchstens in der Ausprägung von Sicherheitsvorkehrungen.

Seit der Erfindung des „Fernsprechens" (Übersetzung des gräzisierten Begriffs „Telephonie") hat es eine rasante Entwicklung gegeben, die wir an dieser Stelle nicht im Einzelnen nachvollziehen wollen.

Tabelle 3.1 zeigt die historische Entwicklung bis heute:

3.2.1 Telefonnetz-Strukturen

Man unterscheidet die folgenden Netzebenen:

- Zugangsnetz
  Das Zugangsnetz ermöglicht den Eintritt eines Teilnehmers in andere Netzebenen.
- Verbindungsnetz
  Das Verbindungsnetz wird durch die automatischen Vermittlungsstellen gebildet.
- Signalisierungsnetz
  Das Signalisierungsnetz steuert den Rufauf- und -abbau mit allen erforderlichen Informationen bzw. Daten (Rufnummer, Wählen, Klingelton) etc.
- Datennetz
  Über das Datennetz werden das Internet, E-Mail etc. verarbeitet.

Weiterentwicklungen der Telefondienste beinhalten:

- Broadcasting
- Videoübertragungen
- TV-Übertragungen usw.

Sie stellen dann eine neue Netzebene dar, die IMS oder IP Multimedia Subsystems, bei der Telekom NGN (Next Generation Network) genannt.

3.2.2 Festnetz

Was wir bisher betrachtet haben, sind sogenannte Festnetze. Das ist ein Sammelbegriff für öffentliche Netze, die leitungsgebunden sind. Sie werden auch PSTN (Public Switched Telephone Network) genannt. Von Bedeutung ist hier die sogenannte letzte Meile, der Anschluss an den Endkunden über eine feste Leitungsverbindung.

Physikalisch lässt sich ein Festnetz wiederum in zwei Ebenen unterteilen:

- Kernnetz und
- Zugangsnetz.

Für das Kernnetz gibt es unterschiedliche Leitungstypen:

- verdrillte Kupferadern
- Koaxialkabel
- Richtfunk
- Glasfaser.

Durch die Multiplexertechnologie können mehrere Kanäle zusammengefasst werden.

3.2.3 Mobilfunknetz

Die allgemeine Struktur eines Mobilfunknetzes ist aus Abb. 3.3 ersichtlich.

Dabei handelt es sich um ein zellulares Netz in hierarchischer Gliederung. Die Hauptkomponenten sind:

- das Telefon selbst
- die Basisstation
- die Kontrollstation
- die Sendestationen und
- die Vermittlungsknoten.

Netzbetreiber und Enduser sind über die Basisstation verbunden. Basisstationen können mehrere Zellen bedienen. Sie selbst werden von den Kontrollstationen verwaltet. Das

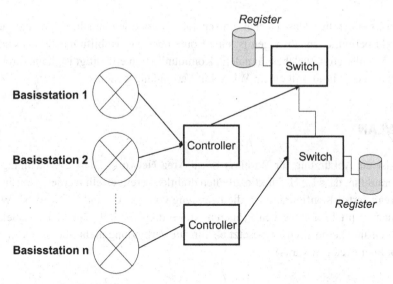

Abb. 3.3 Struktur eines Mobilfunknetzes

Abb. 3.4 Nutzung eines
Mobiltelefons im WLAN

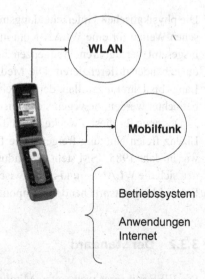

Routing und die Dienstvermittlung übernehmen die Vermittlungsknoten. Als weitere Voraussetzungen dient eine Anzahl von Registern, in denen unter anderem Teilnehmerdaten verwaltet werden.

Wesentlich ist die Feststellung, dass es normalerweise – anders als z. B. im WLAN bei bestimmten Endgeräten – keine End-to-end-Verbindungen zwischen den Mobilfunkgeräten selbst gibt, sondern dass jede Kommunikation über das Netz geroutet werden muss.

Die Nutzung eines Mobiltelefons für WLAN-Kommunikation ist in Abb. 3.4 dargestellt:

Dabei ist ersichtlich, dass es sich um separate Protokolle handelt. Bei den zurzeit auf dem Markt befindlichen Lösungen ist eine Route über das Mobilfunknetz nicht notwendig. Das Mobiltelefon, welches für solche Kommunikation ertüchtigt ist, kann direkt z. B. über einen Access Point mit einem WLAN in Verbindung treten.

3.3 WLAN

WLAN ist die Abkürzung für Wireless Local Area Network. Diese Bezeichnung weist schon darauf hin, dass LAN-Funktionalitäten drahtlos bereitgestellt werden. Häufig findet man in realisierten Konfigurationen die Kopplung von WLAN und LAN, wobei WLAN-Komponenten oft Frontends von größeren Anwendungen sind. Der Fantasie bei Netzkopplungen sind keine Grenzen gesetzt bis hin zur Verbindung mehrerer LANs zu MANs (Metropolitan Area Networks).

3.3.1 Das Frequenzspektrum

Die physikalischen Unterscheidungsmerkmale bei der Klassifikation der elektromagnetischen Wellen für eine WLAN-Kommunikation sind Frequenz und Wellenlänge. Aus den insgesamt verfügbaren Frequenzen lassen sich bestimmte Frequenzbereiche bzw. Frequenzbänder differenzieren. Die Medien Radio und Fernsehen arbeiten im Bereich der Lang- bis Ultrakurzwellen, der zwischen 30 kHz und 300 MHz liegt. Funknetze, die hier betrachtet werden, bewegen sich zwischen 300 MHz und 5 GHz.

Das erste für diese Zwecke durch die Federal Communications Commission (FCC) zur Lizenz freien Nutzung freigegebene Frequenzband war das sogenannte ISM-Band. Das war im Jahr 1985. ISM steht für: Industrial, Scientific, Medical. Aus diesem Band bedienen sich die WLANs – und zwar zwischen 2,4 und 5 GHz. Das war der Startschuss für die Entwicklung entsprechender Komponenten durch die Privatindustrie.

3.3.2 Der Standard

Die IEEE mit ihrer weltweiten Mitgliedschaft von Ingenieuren und Wissenschaftlern interessierte sich ab Ende der 1980er Jahre dafür, die fehlenden Standards für ein WLAN aus der Welt zu schaffen. Und so wurde unter der nunmehr berühmten Nummer 802.11 im Jahr 1997 ein erster WLAN-Standard veröffentlicht. Dieser wurde im Laufe der Jahre immer wieder ergänzt, und die Ergänzungen wurden über angehängte Kleinbuchstaben differenziert.

1999 kamen bei der IEEE zwei neue Standards heraus: der 802.11a und der 802.11b. Der letztere entwickelte sich zum heute am meisten verbreiteten Standard. Dabei wird das gesamte Spektrum von privaten, industriellen und öffentlichen Anwendungen inklusive

Hotspots abgedeckt. Die nominelle Übertragungsrate unter 802.11b geht von 11 MBit/s aus. Davon wird allerdings ein signifikanter Anteil für Protokoll-Overheads benötigt. Der Standard bewegt sich im 2,4-GHz-Frequenzbereich unter Nutzung des HR/DSSS-Verfahrens.

Als weiterer wichtiger Standard wurde im Jahr 2003 der 802.11g freigegeben. Dieser lässt bereits Übertragungsraten von bis zu 54 MBit/s zu. In einem anderen Frequenzbereich – nämlich 5 GHz – arbeitet der 802.11a. Um die Übersicht zu vervollständigen: 2004 kam 802.11i heraus mit zusätzlichen Sicherheitsfeatures.

WLAN-Architektur oder -Topologie meint die Anordnung von Komponenten und wie diese untereinander verbunden sind. Der 802.11 Standard beschreibt, wie solche Topologien aussehen können. Das Spektrum von unterschiedlichen Topologien beginnt bei der einfachsten Architektur, die nur zwei Geräte beinhaltet, bis zu ausgedehnten komplexen Netzwerken. Die Sende- und Empfangsgeräte, die Elemente dieser Architekturen sind, werden als Stationen bezeichnet.

Entsprechend 802.11 setzen sich Funknetze aus Zellen zusammen. Diese Zellen kombinieren ihrerseits wieder zu ausgedehnten Netzen. Die Reichweite der beteiligten Sender legt die Ausdehnung einer Funkzelle fest. Diese Ausdehnung ist abhängig von der Antenne und deren Leistung. Im Standard-Dokument lautet die Bezeichnung für eine solche Zelle Basic Service Set (BSS).

3.3.3 Nachrichtenpakete

Man unterscheidet bei der Vermittlung von Kommunikation zwei Möglichkeiten:

* Leitungsvermittlung und
* Paketvermittlung.

Leitungsvermittlung spielt eine Rolle in der Sprachtelefonie, während sich Datennetze der Paketvermittlung bedienen. Dabei werden die Nachrichten in Blöcke – in Pakete –wie in Abb. 3.5 aufgeteilt.

Diese Blöcke haben einen definierten strukturellen Aufbau. Im Wesentlichen sind sie unterteilt in einen Header mit Steuerungsinformationen und den eigentlichen Nachrichtenkörpern, die die brauchbare Information enthalten. Dem Header sind Absender und Zieladresse bekannt. Beim tatsächlichen Versand nutzt das Netz jeweils optimierte Routen für die einzelnen Datenpakete, die sich aus dem gesamten Datenverkehr ergeben, sodass Blöcke, die zur selben ursprünglichen Nachricht gehören, auf unterschiedlichen Wegen ihr Ziel finden können. Die Pakete werden erst wieder an der Zieladresse vereinigt.

Bei der Paketvermittlung spielt neben der Wegeoptimierung und der damit verbundenen effektiven Nutzung von Netzressourcen auch die Performance eine Rolle. Da die Pakete klein sind, werden Warteschlangen schneller abgebaut. Hier noch einmal die Vorteile dieser Kommunikationsnetze:

Paketübermittlung

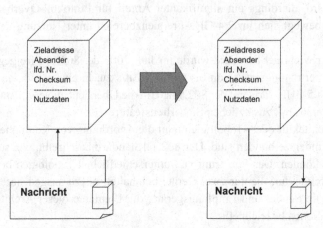

Abb. 3.5 Paketvermittlung in Netzwerken

- Alle Teilnehmer sind gleichberechtigt.
- Fehler werden schnell erkannt.
- Erneute Sendung fehlerhafter Pakete.
- Kein Verlust von Paketen beim Ausfall einer Station.
- Alternative Route zur Zieladresse.

3.3.4 WLAN-Topologien

Wie schon aus dem Vorhergesagten hervorgeht, gibt es unterschiedliche Netzkonfigurationen, die auch als Topologien bezeichnet werden. Zur Darstellung solcher Topologien bedient man sich bestimmter grafischer Elemente für die Abbildung von Komponenten und Verbindungen. Unterschieden werden Netzwerkknoten (Endgeräte und Steuerungsstationen) und Linien oder Verbindungspfeile für die Verbindungen. Folgende Topologien werden unterschieden:

- Ringnetze
- Maschennetze
- Sternnetze und
- Baumnetze.

Für die WLAN-Belange sind nur Maschen- und Sternnetze relevant.

Neben rein strukturellen Erwägungen spielen auch andere Kriterien bei der Auswahl einer Netztopologie eine Rolle. Die Vor- und Nachteile werden insbesondere bei der Betrachtung von Kabelnetzen sichtbar. Maschennetze erfordern die Verbindung von mehreren Knoten untereinander (s. Abb. 3.6). Dieser hohe Verkabelungsaufwand entfällt selbst-

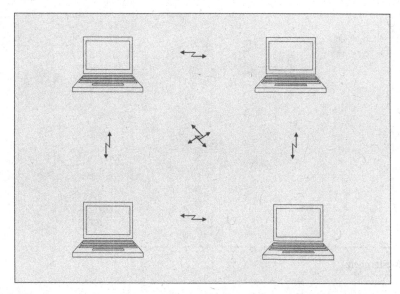

Abb. 3.6 Maschennetz

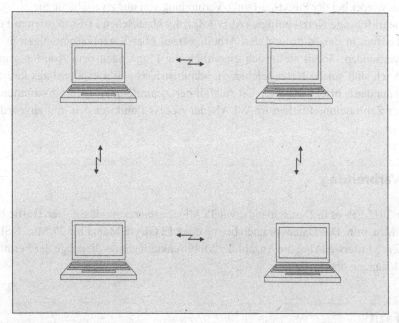

Abb. 3.7 Partielles Maschennetz

verständlich bei Funknetzen. Demgegenüber sind Maschennetze Ausfall sicherer. Auch treten Performanceengpässe seltener auf. Aus diesen Gründen wurden Maschennetze bei der Konstruktion des Internets vorgezogen.

Neben einem kompletten Maschennetz sind auch Lösungen denkbar, die als partielles Maschennetz bezeichnet werden (s. Abb. 3.7). Hierbei werden nicht alle Stationen unter-

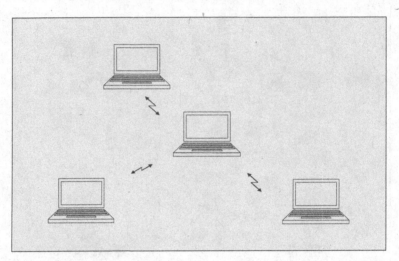

Abb. 3.8 Sternnetz

einander verbunden (m:m), sondern nur die Nachbarstationen (n:m). Im Extremfall landen
wir dann wieder bei der Punkt-zu-Punkt-Verbindung von nur zwei Stationen.

Die sternförmige Netztopologie (Abb. 3.8) folgt klassischen IT-Strukturen mit einem
Zentralsystem in der Mitte und den Arbeitsplätzen über Einzelverbindungen peripher
damit verbunden. Somit stellt sich eigentlich die Frage nach dem Routing zunächst
nicht. Auch sind solche Netze leichter zu administrieren. Gibt es allerdings keine zentrale Redundanz, bricht das Netz bei Ausfall der Zentraleinheit sofort zusammen. Den
Platz der Zentraleinheit belegt im WLAN der Access Point mit den ihm zugeordneten
Stationen.

3.4 Verbreitung

Im Jahr 2011 gab es in Deutschland etwa 38 Mio. Festnetzanschlüsse. Der Traffic betrug
ca. 200 Mrd. min. Das Datenvolumen betrug etwa 12 GByte/Monat bei 27 Mio. DSL-An-
schlüssen. Mittlerweile hat die Anzahl der Mobilfunkteilnehmer diejenige der Festnetzan-
schlussleitungen übertroffen.

3.5 Fazit

Kommunikationsnetze sind nach dem OSI-Modell aufgebaut.
Grundsätzlich werden unterschieden

- Festnetze
- Mobilfunknetze
- WLAN.

Alle Netze haben ihre ihnen eigenen Topologien.

Alle Netze funktionieren nach ihnen eigenen internationalen Standards.

Risiken

4

4.1 Einleitung

Dass mit Blick auf einen Notfall im IT- und Kommunikationsbereich die Risiken für eine Organisation abgewogen werden müssen, versteht sich von selbst. Wie aber soll eine strukturierte Risikoanalyse durchgeführt werden, und welche Ergebnisse werden von ihr erwartet?

Zunächst einmal geht es ja nicht um Hardware oder Software allein. Beides ließe sich durch Ersatzbeschaffung im Notfall wieder herstellen. Gegebenenfalls können gewisse Komponenten als Reserve vorgehalten werden. Das ist eine Kostenfrage. IT-Infrastruktur ist ja nur ein Werkzeug, mit dem der Betrieb sinnvoll aufrechterhalten werden kann. In Wirklichkeit geht es um mehr – um den Gesamtbetrieb als solchen. Und der basiert nun einmal auf Geschäftsprozessen. Diesen muss also ein erster Blick gelten. Und daraus leiten sich dann diejenigen Risiken ab, die die Geschäftsprozesse potenziell gefährden können. Es gilt also Beziehungen zwischen Risiken und Geschäftsprozessen aufzuzeigen. Dabei braucht es sich nicht um Eins-zu-eins-Beziehungen handeln.

Ein- und dieselbe Gefährdung kann möglicherweise gleichzeitig mehrere Prozesse torpedieren; und umgekehrt gibt es mehr als eine Gefährdung, die ein- und denselben Prozess beeinträchtigen kann (s. Abb. 4.1). Bei einer Überflutung des Zentrallagers würden die beiden Kernprozesse

- Service Provisioning und
- Service Assurance

betroffen. Der Prozess Service Assurance wäre außerdem durch einen teilweisen oder kompletten Netzausfall ebenfalls beeinträchtigt.

© Springer-Verlag Berlin Heidelberg 2016
W. W. Osterhage, *Notfallmanagement in Kommunikationsnetzen,* Xpert.press,
DOI 10.1007/978-3-662-45660-6_4

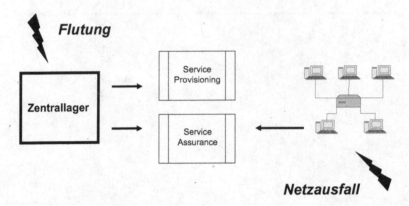

Abb. 4.1 Gefährdungsbeziehungen

In den Folgeschritten sind dann Maßnahmen zu definieren, die entweder einer Gefährdung vorbeugen oder nach dem Eintritt eines Schadens der Behebung dienen. Durch diese Überlegungen kristallisiert sich schlussendlich heraus, für welche Szenarien Notfallpläne zu entwickeln sind. Sollten in einer Organisation bereits IT-spezifische Sicherheitsmaßnahmen entwickelt worden sein, sind diese Dokumente dahingehend zu überprüfen, wie sie in die unternehmerische Notfallstrategie eingebunden werden können. Gibt es keinerlei planerische Sicherheitsregeln, sind solche zu entwickeln.

Bei der Bewertung eines Risikos geht es also um zwei Dinge:

- die konkrete Auswirkung eines Schadens für z. B. den Geschäftsbetrieb eines Unternehmens und
- die Wahrscheinlichkeit des Eintretens eines solchen Notfalls.

Nur die Zusammenschau dieser beiden Faktoren kann zu einem wirtschaftlich vertretbaren Notfallmanagement führen (s. Abb. 4.2).

Dabei sollte man vor Augen haben, dass nicht alle denkbaren Risiken erkannt bzw. in die Überlegungen miteinbezogen werden können. In geologisch stabilen Zonen sollte man keine Gedanken und keine Ressourcen zur Vorsorge für den Fall eines Erdbebens verschwenden. Hat es bereits schon einmal ein bestimmtes Schadensereignis gegeben, ist die Eintrittswahrscheinlichkeit, dass es sich wiederholt, möglicherweise gering. Das trifft aber offensichtlich für Wassereinbrüche in einem hochwassergefährdeten Gebiet nicht zu. Bei allen Einschätzungen ist zu beachten, dass eine belastbare Quantifizierung der beiden Komponenten Schadenshöhe und Eintrittswahrscheinlichkeit schwierig bis unmöglich ist. Hier spielen auch subjektive Einschätzungen der Beteiligten eine Rolle.

Es gibt eine Regel, die besagt:

▶ Es existiert immer mindestens ein weiteres Risiko, das nicht berücksichtigt wurde.

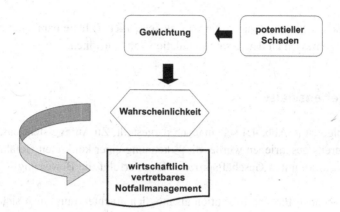

Abb. 4.2 Schaden, Gewichtung, Notfallmanagement

Man kann die beiden Faktoren auch anders kategorisieren. Herkömmliche statistische Untersuchungen können nur in sehr kontrollierten Umgebungen sinnvolle Aussagen machen. Es gibt aber immer wieder in allen Lebensbereichen Situationen, die plötzlich nicht nur außerhalb deterministischer Szenarien, sondern sogar im statistischen Bereich Werte annehmen, die nicht vorausgesagt werden können.

Abbildung 4.3 zeigt die Zusammenhänge zwischen Schadensszenarien und Wahrscheinlichkeiten. Interessant ist der Quadrant unten rechts: Hierbei handelt es sich um Ereignisse, deren Eintrittswahrscheinlichkeit gering, aber deren Auswirkungen hoch sind. Nassim Taleb, der diese Kategorisierung entwickelt hat, nennt solche Ereignisse „Schwarze Schwäne". Bis zur Entdeckung Australiens kannte man keine schwarzen Schwäne. Ein

	I einfache Szenarien	II komplexe Szenarien	
A Anwendungsbereich Normalverteilung	erster Quadrant **sehr sicher**	zweiter Quadrant **quasi sicher**	
B Anwendungsbereich Unwahrscheinlichkeit	dritter Quadrant **sicher**	vierter Quadrant unsicher mit unbekannter Auswirkung	**Schwarzer Schwan**

Abb. 4.3 Der Schwarze Schwan

„schwarzer Schwan" war etwas völlig Unwahrscheinliches, hatte dann aber eine enorme Auswirkung, gemessen an der Gesamtpopulation von Schwänen.

4.2 Vorgehensweise

Die Schrittfolge ist in Abb. 4.4 schematisch dargestellt. Zu Anfang steht das, was in der Einleitung bereits geschrieben wurde: die Erkennung einer konkreten Gefährdung bezogen auf einen bestimmten Geschäftsprozess. Dann erfolgt die Bewertung in Form eines Risikos.

Wird ein Schaden für eine Institution als möglich erachtet, muss man sich die Fragen stellen:

- Welche Folgen hat der Ausfall eines Prozesses für eine Institution?
  Ist das Kerngeschäft gefährdet bis unmöglich geworden? Gibt es bereits vorhandene Ausweichmöglichkeiten? Wie lange kann das Unternehmen weiter existieren, wenn bestimmte Schäden auftreten?
- Hat der Ausfall einer Ressource Auswirkungen auf einen kritischen Prozess?
  Kritische Prozesse oder Kernprozesse in einem Kommunikationsunternehmen sind (s. Kap. 6):
  - Produkt-Entwicklung
  - Sales
  - Service Provisioning
  - Service Assurance
  - Billing.
- Welche Ursachen existieren für den Ausfall einer Ressource? Zum Beispiel:
  - Zerstörung von zentralen Einrichtungen
  - Personenschäden
  - Datenverlust
  - Unterbrechung von Kommunikationsleitungen
  - Ausfall der Lagerhaltung
  - Zerstörung von Netzknoten
  - Infiltration durch Malware.

Abb. 4.4 Schadenskette

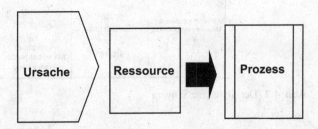

4.2.1 Risikoarten

Bei der Risiko-Zuordnung wird zunächst festgehalten,

- ob es sich um Gefährdungen handelt, die von außen kommen, oder
- ob sie im Unternehmen selbst beheimatet sind.

Andere Überlegungen gehen dahin, festzustellen, ob eine Gefährdung direkt auf einen Geschäftsprozess wirkt (z. B. Ausfall des Speichermediums mit den Stammdaten der Kunden für den Billingvorgang) oder nur indirekt (z. B. Ausfall eines Kommissionierroboters im Lager). Manche Risiken sind beeinflussbar, d. h. unter Umständen auszuschalten bzw. zu minimieren (Bereitstellung von Notstromaggregaten für den Fall eines Blackouts), andere grundsätzlich überhaupt nicht (Absturz eines Flugzeugs auf Betriebsgebäude, wenn die Firma in der Nähe eines Flugplatzes angesiedelt ist).

Bei der Identifizierung und Klassifizierung von Risiken müssen alle beteiligten Fachleute herangezogen werden. Auf diese Weise, durch Interviews und Workshops, können Checklisten erstellt werden.

4.2.2 Gefährdungsarten

Gefährdungen können unterschiedliche Ursachen haben. Wie bei sonstigen Unfällen auch unterscheidet man

- menschliches Versagen,
- technisches Versagen von Betriebsmitteln,
- Gefährdungen, die aufgrund eines mangelhaften Organisationsstandes entstehen (keine Fluchtpläne etc.), oder
- kriminelle Handlungen (Hackerangriffe, Sabotage nach der Entlassung eines unliebsamen Mitarbeiters etc.).

Alles, was nicht in diese Kategorien passt, lässt sich unter der Rubrik „höhere Gewalt" zusammenfassen (Naturkatastrophen).

4.2.3 Eintrittswahrscheinlichkeiten

Über Eintrittswahrscheinlichkeiten und Auswirkungen ist schon im Zusammenhang mit dem Schwarzen Schwan etwas gesagt worden. Aufgrund von nicht existierendem statistischen Zahlenmaterial sind in diesem Zusammenhang eigentlich nur qualitative Einschätzungen möglich. Allerdings lässt sich in bestimmten Fällen eine Quantifizierung des

Tab. 4.1 Wahrscheinlichkeitsstufen. (Quelle: BSI)

Unwahrscheinlich	Selten	Wahrscheinlich	Sehr wahrscheinlich
Einmal in 10 Jahren	Einmal im Jahr	Einmal im Monat	Einmal in der Woche

Tab. 4.2 Risikoklassifikation. (Quelle: BSI)

Wahrscheinlichkeit	Auswirkung			
	Niedrig	Normal	Hoch	Sehr hoch
Sehr wahrscheinlich	*Niedrig*	*Mittel*	*Hoch*	*Hoch*
Wahrscheinlich	*Niedrig*	*Mittel*		
Selten	*Niedrig*	*Niedrig*	*Mittel*	*Mittel*
Unwahrscheinlich	*Niedrig*	*Niedrig*	*Niedrig*	*Niedrig*

potenziellen Schadens näherungsweise vornehmen (bei einer angenommenen Ausfallzeit der Kommunikationseinrichtungen und dadurch den Verlust von Teilnehmern während der Dauer des Ausfalls kann man auf entgangenes Geschäftsvolumen hochrechnen). Insgesamt kann man Wahrscheinlichkeitsstufen bilden (Tab. 4.1).

Tabelle 4.2 gibt aus derselben Quelle ein Risikoklassifizierungsschema wieder. Aus der Kombination von Eintrittswahrscheinlichkeit und zu erwartender Schadenshöhe ergeben sich als Bewertung die *kursiv* geschriebenen Risikoeinschätzungen.

4.3 Zusammenfassung von Risiken

Abbildung 4.5 zeigt die Schrittfolge bei der Konsolidierung von Risiken:

Es hat sich bewährt, die Anzahl von Risiko-Szenarien, die man betrachten will, auf eine maximale Anzahl zu begrenzen. Erfahrungswerte liegen zwischen einem halben und einem Dutzend Fälle. Beispielhaft für die Kommunikationsindustrie seien genannt:

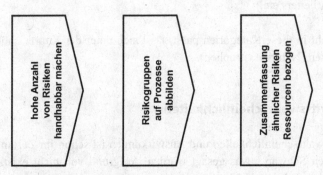

Abb. 4.5 Zusammenfassung von Risiken

- Ausfall des Hauptstandortes
- Ausfall von großen Teilen des Kommunikationsnetzes
- Ausfall der Netzüberwachung
- Ausfall von Rechenkapazitäten für die Kundenbetreuung
- Ausfall von Billing-Systemen
- Ausfall von Service-Organisationen.

Natürlich können die unterliegenden Ursachen als solche klassifiziert werden. Im rein-technischen Bereich gehören dazu

- ein Ausfall der Stromversorgung
- Hochwasserschäden
- Flutungen durch Unwetter u. a.

4.4 Strategien

Um den Risiken zu begegnen, kann man – Fall bezogen – strategische Grundsatzentschei-dungen treffen. Eine besteht darin, dass man nichts tut, also mit dem Risiko leben will. Eine solche Entscheidung kann dann getroffen werden, wenn man entweder die Eintritts-wahrscheinlichkeit für extrem niedrig oder das Schadenspotenzial für vernachlässigbar hält. Damit wird es also keine weiteren Folgemaßnahmen geben. Andere Gründe können darin liegen, dass in der Praxis keine Gegenmaßnahmen denkbar sind. Das ist in der Kom-munikationsindustrie mit Ausnahme von vielleicht schweren Naturkatastrophen kaum der Fall. Ein weiterer Grund mag darin zu finden sein, dass ein Unternehmen nicht in der Lage ist, die finanziellen Kosten für etwaige Gegenmaßnahmen zu tragen. In diesem Fall stellt sich natürlich die grundsätzliche Frage nach der Robustheit eines solchen Unternehmens.

Man kann auch das Risiko transferieren, beispielsweise durch Outsourcing. Ob das allerdings immer hilfreich ist, sei dahin gestellt. Zunächst wären ja die outgesourcten Ge-schäftsfelder des Kunden des Dienstleisters – also in unserem Fall das betreffende Unter-nehmen, welches den Dienstleister in Anspruch nimmt – in Sicherheit. Andererseits müss-te der Dienstleister eine eigene Notfallvorsorge organisieren, falls es ihn einmal selber – und damit wiederum auch diesen, seinen Kunden auf diesem Wege – treffen sollte.

Eine beliebte Methode der Risikoübertragung besteht im Abschluss von Versicherun-gen. Damit ist ein Teil des finanziellen Risikos sicherlich abgedeckt. Allerdings gibt es Schadensfolgen, die zu Umsatz- und Kundenverlust führen können, die keine Versiche-rung zu bezahlbaren Preisen abdecken würde, sodass auf jeden Fall zusätzliche Gegen-maßnahmen erforderlich sind.

Eine komplette Vermeidung von Risiken lässt sich kaum zu 100 % erzielen (Restrisiko) und ist mit hohen Kosten verbunden (z. B. Spiegelung kompletter Anlagen an anderen Orten usw.). Der gängige Weg ist, durch geeignete Vorsichtsmaßnahmen die erkannten Ri-siken so zu verringern, dass der Schaden beherrschbar bleibt und ein Wiederanlaufen des

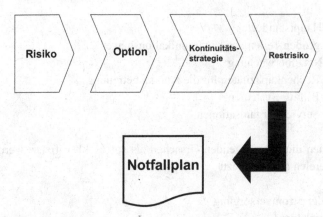

Abb. 4.6 Strategische Vorgehensweise

normalen Betriebs in einer vertretbaren Zeit gewährleistet ist, sowie, dass ein temporärer Notbetrieb ein existenzielles Minimum des Geschäftsbetriebes aufrechterhält.

Eine weitere Möglichkeit, die Schadensfolgen zu verringern, besteht in der Möglichkeit, sich die kritischen Unternehmensprozesse noch einmal anzuschauen, eventuell zu vereinfachen oder sich insgesamt neu aufzustellen. Hier spielen wiederum Gesichtspunkte des Outsourcing eine Rolle oder aber auch eine angepasste Unternehmensorganisation mit einer IT-Infrastruktur, die Abhängigkeiten von z. B. zentralen Einrichtungen reduziert. Bei Flächen deckenden Kommunikationsnetzen ist das nur bedingt möglich.

Bei all diesen Überlegungen greifen also

- technische
- betriebliche und
- wirtschaftliche Gesichtspunkte.

Aus der Zusammenschau all dieser Aspekte ergeben sich schließlich konkrete Notfallpläne (s. Abb. 4.6) mit dem kombinierten Ziel, Eintrittswahrscheinlichkeiten niedrig und die Schadenshöhe gering zu halten.

4.5 Dokumentation

Die Ergebnisse einer umfassenden Risiko-Analyse, an der viele Mitarbeiter einer Organisation beteiligt sind, bilden die Grundlage für Maßnahmenpläne und sind deshalb im Detail zu dokumentieren. Dazu gehören:

- Interviewprotokolle mit Strukturplan
- Workshopprotokolle
- Schlussfolgerungen.

Letztere weisen schon in Richtung auf Lösungswege hin, indem Risiken, bezogen auf selektierte Geschäftsvorfälle, aufgelistet werden. Dabei müssen die Risiken mit einer geschätzten Eintrittswahrscheinlichkeit und der zu erwartenden Schadenshöhe quantifiziert werden. Außerdem sollten bereits in dieser Phase die strategischen Grundentscheidungen risiko- und prozessbezogen getroffen und mögliche Optionen zur Risikoverringerung aufgezeigt werden. Diese Vorgaben sollten dann als Entscheidungsvorlage für die Unternehmensleitung aufbereitet werden.

4.6 Fazit

Schritt 1:   Schaden zusammen mit Eintrittswahrscheinlichkeit gewichten
Schritt 2:   Eintrittswahrscheinlichkeit gegen Auswirkungen abwägen
Schritt 3:   Schadenskette analysieren
Schritt 4:   Risiken zusammenfassen
Schritt 5:   Strategien entwickeln
Schritt 6:   Ergebnisse dokumentieren

Der Notfallprozess

5

5.1 Einleitung

Entscheidend für den Erfolg eines auf lange Sicht geplanten Notfallprozesses ist der richtige Zeitpunkt für seine Initiierung, wenn der Notfall eintritt. Dazu gehört die Zuweisung von Verantwortlichkeiten, wer diesen Prozess initiieren soll bzw. darf. In der Regel trägt die oberste Leitungsebene dafür die Verantwortung. Sollte diese nicht mehr funktionsfähig sein, müssen in der Planung bereits Sicherheitsstufen eingebaut sein, die es ermöglichen, dass andere befugte Instanzen diese Aufgabe übernehmen. Für unsere weiteren Betrachtungen gehen wir aber zunächst davon aus, dass die oberste Leitungsebene noch funktioniert. Dann bestehen ihre Aufgaben aus:

- Initiieren
  Offiziell erklären, dass ein Notfall vorliegt – und zwar schon möglichst mit der Feststellung, welche Notfallkategorie angenommen wird (Störfall, Notfall, Krise etc.). Bei der Erklärung des Zustandes „Notfall" sollten nach Möglichkeit bereits Aussagen über die Eingrenzung gegeben werden (Lokalitäten, Einrichtungen, Opfer etc.)
- Leiten
  Obwohl die Rollen des Notfallbeauftragten, des Krisenstabes und der Notfallkoordinatoren im Vorfeld festgelegt und jetzt aktiviert werden, muss die Leitung auf der strategischen Ebene ganz oben angesiedelt bleiben.
- Kontrollieren
  Durch die vorher festgelegten Berichtswege bleibt die Leitung aktuell informiert und kann fallweise in den Notfallprozess eingreifen.
- Gesamtverantwortung für
  - Ressourcen
  - Finanzmittel.

© Springer-Verlag Berlin Heidelberg 2016
W. W. Osterhage, *Notfallmanagement in Kommunikationsnetzen*, Xpert.press,
DOI 10.1007/978-3-662-45660-6_5

Das alles bedeutet in der Praxis:

- Leitungsebenenmitglieder sind *Eigner des Notfallprozesses*.
- Sie delegieren an Notfallbeauftragte und nach geordnete Organisationseinheiten.

5.2   Konzeption und Planung

Abbildung 5.1 zeigt im groben Aufriss die wichtigsten Schritte zur Etablierung einer Notfallkonzeption. Daraus wird bereits Folgendes ersichtlich:

- Der Notfallmanagement-Prozess ist ein Projekt.
  Die Notfallprophylaxe kann nicht von einer kleinen Gruppe oder beauftragten Mitarbeitern sozusagen neben dem Tagesgeschäft erledigt werden, sondern muss wie ein aufwändigen Projekt initiiert und durchgeführt werden – mit all den organisatorischen Mitteln und Tools, die ein Projektmanagement verlangt (Meilensteinplan, Projektorganisation, Aktivitätenliste usw., s. Kap. 11).
- Ziele müssen festgelegt werden. Zu den Zielen gehören:

Abb. 5.1 Entwicklung einer
Notfallkonzeption

- Zeit- und Ressourcenplanung (Wer muss von den Fachbereichen abgestellt werden, wie viel Zeitaufwand pro Projektmitarbeiter wird eingeplant, welche Fachkompetenzen müssen vertreten sein?)
- Festlegung des Geltungsbereichs (Lokalitäten, Organisationseinheiten, Beteiligungen)
- Rahmenbedingungen schaffen (Räumlichkeiten, Freistellungen, evtl. IT-Ausstattung, Kommunikationsmittel)
- Strategie festlegen.

Strategische Festlegungen leiten sich aus den Kernprozessen, aus der Risikoanalyse und den Eintrittswahrscheinlichkeiten her (s. Kap. 4).

5.2.1 Geltungsbereich

Die Fragestellung nach dem Geltungsbereich für eine Notfallkonzeption muss aus unterschiedlichen Blickwinkeln betrachtet werden.

- Ist die gesamte Institution mit einbezogen oder nur einzelne Standorte bzw. nur einzelne Abteilungen (kritisch für das Weiterfunktionieren der Institution als solche)?
- Sind sämtliche Prozesse mit einbezogen oder nur bestimmte (kritische, Kernprozesse)?
- Liegen Einschränkungen und Grenzen vor; müssen diese beschrieben und begründet werden?
- Selbst bei Vollständigkeit aller Prozesse müssen die wichtigsten hervorgehoben werden und mit einem bestimmten Gewicht versehen werden.

Bei diesen Überlegungen sind rechtliche Anforderungen zu beachten. Die Liste in Tab. 5.1 gibt einige wichtige Gesetze wieder ohne Anspruch auf Vollständigkeit.

Tab. 5.1 Gesetzliche Anforderungen

Gesetz zur Kontrolle und Transparenz im Unternehmensbereich *(KonTraG)*
Baseler Eigenkapitalvereinbarungen *(Basel II)*
Aktiengesetz *(AktG)*
Post- und Telekommunikationsicherstellungsgesetz *(PTSG)*
Börsengesetz *(BörsG)*
Arbeitsschutzgesetz *(ArbSchG)*
Störfallverordnung *(12. BImSchV – StörfallV)*
Gefahrstoffverordnung *(GefStoffV)*
Betriebssicherheitsverordnung *(BetrSichV)*

5.2.2   Anforderungen

Es ist grundsätzlich zu überlegen, welches die Ausschlag gebenden Geschäftsziele sind, die trotz Notfalls weiterhin erreicht werden sollen. Vor diesem Hintergrund sind mögliche Schadensszenarien zu entwickeln, die diese Ziele beeinträchtigen können. Daraus ergeben sich Simulationen für die Unterbrechung kritischer Prozesse, die das weitere Funktionieren einer Organisation unmöglich machen würden (Abb. 5.2).

Fernerhin ist auf Basis dieser Überlegungen auszuloten, welches Risiko man bereit ist zu gehen, und wo Maßnahmen anzusetzen sind, um ein Überschreiten der Risikogrenze zu verhindern. Das führt letztendlich zu der Schlussfolgerung, welche konkreten Ziele der Notfallprozess erreichen will. Daraus folgt ferner, welche Interessen welcher Stakeholder betroffen sein könnten. Zu den potenziellen Stakeholdern gehören:

- Anteilseigner
- Mitarbeiter
- Angehörige
- Investoren
- Kunden
- Lieferanten
- Versicherer
- Aufsichtsbehörden
- Branchenverbände
- Gesetzgeber.

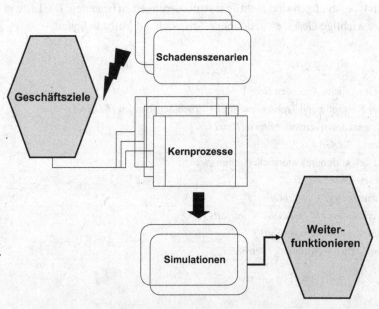

Abb. 5.2 Aufrechterhaltung der Geschäftsziele

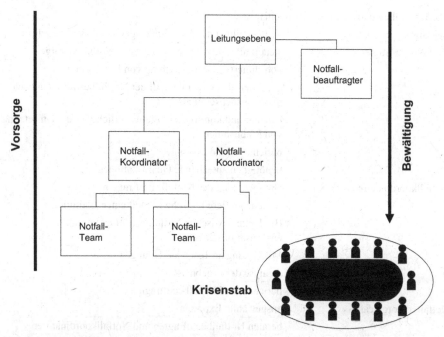

Abb. 5.3 Verantwortlichkeiten in der Hierarchie

Die organisatorischen Voraussetzungen zur Bewältigung gliedern sich in

- Notfallvorsorge und
- Notfallbewältigung.

Für beide Aspekte wiederum gibt es drei Ebenen:

- die strategische
- die taktische und
- der operative Bereich.

Abbildung 5.3 zeigt schematisch die Verteilung von Rollen, auf die jetzt eingegangen werden soll, und die Verantwortungsbereiche:

5.2.3 Rollen

Aus Tab. 5.2 sind die Rollen mit ihren Verantwortlichkeiten zu entnehmen:

Tab. 5.2 Rollen und Verantwortlichkeiten

Leitung:	Sicherstellung des Notfallmanagements institutionsweit
Notfallbeauftragter	steuert alle Aktivitäten rund um die Notfallvorsorge
	koordiniert die Bereitstellung von Ressourcen
	analysiert den Gesamtablauf der Notfallbewältigung nach dem Schadensereignis
	benennt und kontrolliert Verantwortliche für die Umsetzung von Maßnahmen
	berichtet an die Leitung
	benötigt entsprechende Qualifikationen
Notfallkoordinatoren	Unterstützung des Notfallbeauftragten
	für jede größere logische Einheit einer Institution
	Bindeglied zwischen Notfallbeauftragtem und Organisationseinheit
	Mitwirkung an Tests und Übungen
	Analyse der Ergebnisse
	berichten an Notfallbeauftragten
Notfallvorsorgeteam	ausgewählte Experten
	beraten Notfallbeauftragten und Notfallkoordinatoren
Krisenentscheidungsgremium	strategische Verantwortung und Entscheidungen
	Leitungsmitglieder sind vertreten
	Verbindung zu Interessengruppen
Krisenstab	plant, koordiniert, berät, unterstützt
	Erfassung der aktuellen Situation und Bewertung
	Erteilung von Aufträgen an die zuständigen Instanzen
	Koordination der erforderlichen Aktivitäten
	Krisenkommunikation
	Abstimmung der einzelnen Maßnahmen
Leiter und Kernteam des Krisenstabs	ein Leiter plus bis zu fünf Funktionsträger
	mit Stellvertretung
	lokal angesiedelt
Mitglieder	Beauftragter für Öffentlichkeitsarbeit
	Sicherheitsbeauftragter
	IT-Betriebsmitglied
	entsprechende Kompetenz und Erfahrung

Tab. 5.2 (fortsetzung)

Erweiterter Krisenstab	IT-Administration/IT-Leiter
	Standortsicherheit (Brandschutz, Umweltschutz, Anlagen-sicherheit, Rettungsdienst)
	Justitiariat
	Personalvertretung
	Ansprechpartner der Abteilungen
	Datenschutzbeauftragter
	Geheimschutzbeauftragter
Unterstützendes Zusatzpersonal (z. B. Betriebsarzt)	
Externe Spezialisten	
Notfallteams	operative Bewältigung
	Notfallteamleiter berichten an Krisenstab

Tabelle 5.3 stellt die Aufgaben der Notfallteams dar:

Tab. 5.3 Aufgaben der Notfallteams

Infrastrukturteam	Wiederherstellung von Gebäuden und Arbeitsplätzen
IT-Team	Wiederherstellung von Daten
	Ausweichsysteme bereitstellen
	Beheben von Störungen der Kommunikationseinrichtungen
Fachbereichsteams	Wiederaufnahme der Geschäftsprozesse

Aus den Tabellen wird der hohe Koordinationsaufwand ersichtlich. Das bedeutet, dass die Rollen

- klar definiert und
- gut dokumentiert

sein müssen. Jeder qualifizierte Teilnehmer muss nicht nur wissen, wie er konkret in einem Notfall zu handeln hat. Er muss auch wissen, mit wem er zu kommunizieren hat, wie seine Berichtslinien aussehen, und welche Eskalationspfade zur Verfügung stehen.

5.3   Fazit

Notfallmeldeprozess festlegen
Initiierung des Notfallvorsorgeprojekts
Geltungsbereich festlegen
Ziele und Anforderungen für den Notbetrieb definieren
Rollen und Verantwortlichkeiten definieren

Kernprozesse

6

6.1 Einleitung

In Abhängigkeit des Geschäfts, welches ein Unternehmen betreibt, differenzieren sich die als solche bezeichneten Kernprozesse untereinander. Im Folgenden werden wir uns mit den Kernprozessen (aber auch den stützenden übrigen Prozessen) befassen, die für die Kommunikationsindustrie relevant sind. Sie ähneln im Übrigen auch den Prozessen, die für die Energiewirtschaft von Bedeutung sind.

Im Rahmen dieser Prozessanalyse werden folgende Gesichtspunkte immer wichtiger:

- Immer mehr Anteile des Prozessgeschehens werden durch Maschine-zu-Maschine-Kommunikation abgewickelt.
- Gesteigerte Anforderungen an die Kommunikationsnetze selbst betreffen deren:
  - Zuverlässigkeit
  - Flexibilität
  - Ressourceneffizienz
  - Sicherheit.
- Kommunikationsnetze spielen eine Rolle in
  - Industrie
  - Smart-Grid-Konzepten
  - in kleinen und mittleren Unternehmen und Haushalten
  - der Verkehrssteuerung (Elektro-Autos)
  - in der Telekommunikation
  - in der Datenübertragung
  - bei der Nutzung des Internets
  - bei der Positionsbestimmung und
  - in vielen anderen Anwendungen.

© Springer-Verlag Berlin Heidelberg 2016
W. W. Osterhage, *Notfallmanagement in Kommunikationsnetzen,* Xpert.press,
DOI 10.1007/978-3-662-45660-6_6

6.2 Überblick über die wichtigsten Prozesse in der Telekommunikationsindustrie

Abbildung 6.1 zeigt die Prozesslandschaft in vertikaler und horizontaler Vernetzung. Außerdem ist die Matrix aufgeteilt in interne Aktivitäten und Prozesse und in solche, die der Kunden sieht (obwohl alle internen Abläufe letztendlich ebenfalls auf den Kunden ausgerichtet sind). Für den Kunden allerdings ist der Netzanbieter mit seinen Diensten lediglich Lieferant. Weiterhin ist zu beachten, dass alle externen Prozesse als Voraussetzung für ihr Funktionieren ein internes Äquivalent haben. Wir unterscheiden demnach (von unten nach oben):

- Supply Chain Management
- Network- und IT-Infrastruktur-Management
- Service
- Customer Relationship Management.

Diese Prozesse sind in sich noch nicht spezifisch für ein Telekommunikationsunternehmen. Das wird erst deutlich, wenn wir die vertikalen Säulen betrachten (von links nach rechts):

- Produktentwicklung
- Sales
- Service Provisioning
- Service Assurance
- Billing.

Diese stellen die eigentlichen Kernprozesse dar.

Abb. 6.1 Prozesslandschaft

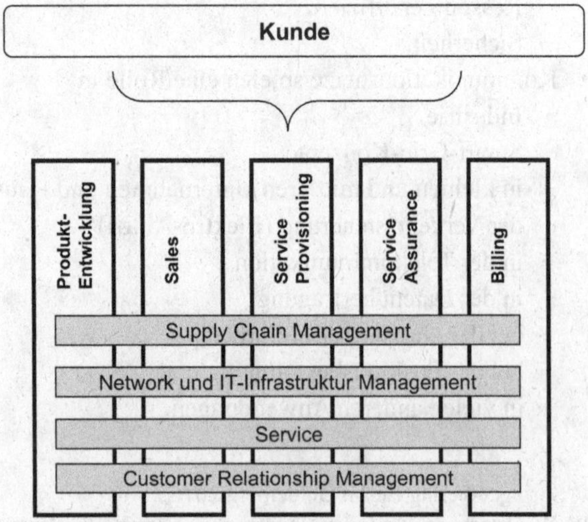

6.2.1 Die Kernprozesse

Dabei bedeuten im Einzelnen:

- Produktentwicklung:
  - kontinuierliche Ideenfindung für neue Dienste (z. B. Apps)
  - Einsatz neuester Hardware (z. B. Mobiltelefone eines bestimmten Anbieters)
  - schnellere Übertragungsraten aber auch:
  - neue Geschäftsmodelle (flat rates etc.)
- Sales (s. Abb. 6.2 und 6.3):
  - sämtliche vertrieblichen Aktivitäten zur Gewinnung von Neukunden (mailings, Direktansprachen etc.)
  - Vertragsabschlüsse
  - Tarifänderungen bei Bestandskunden
  - Angebote neuer Produkte und Tarife aus der Entwicklung an Bestandskunden und potenzielle Interessenten.
- Service Provisioning (s. Abb. 6.4):
  - Installation von Hardware (Router, Modems) beim Kunden bzw. Veranlassung der Versendung von Hardware an den Kunden zur Selbstinstallation
  - Freischaltung eines neuen Kunden

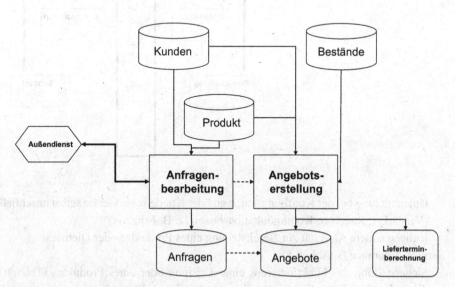

Abb. 6.2 Sales (Anfragen und Angebote)

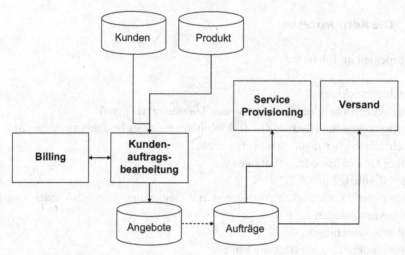

Abb. 6.3 Sales (Angebote und Aufträge)

Abb. 6.4 Service Provisioning

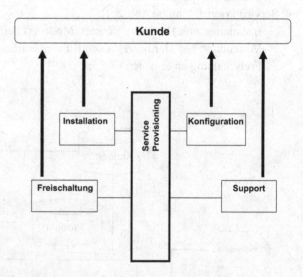

- Unterstützung bei der Konfiguration, wenn der Kunde seine Geräte selbst anschließt
  (Verstärker, Receiver, Kommunikationsboxen (z. B. Fritzbox))
- jegliche andere Aktivität zur Bereitstellung eines Produktes oder Dienstes.
- Service Assurance (s. Abb. 6.5):
  - Sicherstellung des Funktionierens einer Leistung oder eines Produktes (Telefon),
    die verkauft und vom Service Provisioning bereitgestellt wurden
  - Sicherstellung der Netzkapazitäten zur Erfüllung der vertraglich garantierten Per-
    formance (Leitungsdurchsatz)

Abb. 6.5 Service Assurance

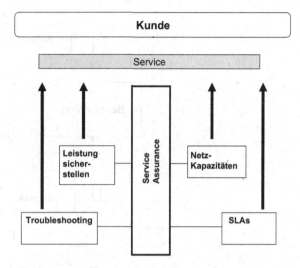

- Troubleshooting (intern und extern) bei Störfällen (Netzausfälle, Absinken der Netzleistung, Geräteprobleme)
- Erfüllen der Service Level Agreements, sowohl was den normale Betrieb betrifft, als auch was die Interventionszeiten bei Störungen angeht
- jegliche andere Art von Dienstleistung bei Bestandskunden.
- Billing:
  - Rechnungslegung für ein einzelnes Produkt (Hardware, Dienst)
  - Rechnungsstellung für die laufende Nutzung der Kommunikationsressourcen (flat rate, Einzelverbindungen, Datentransfer etc.)

6.2.2   Unterstützende Prozesse

Hier wieder im Einzelnen:

- Supply Chain Management (s. Abb. 6.6 und 6.7)
  - Rahmenverträge für den Einkauf
  - Beschaffung von verkaufsfähigen Produkten (Router, Telefone, Ersatzteile für das Netz, IT-Ausrüstung etc.)
  - Bestellabwicklung
  - Bestandsmanagement
  - Warenbewegungen
  - Disposition.

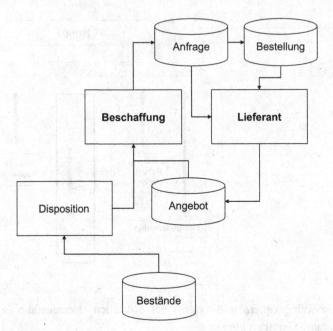

Abb. 6.6 Beschaffungsprozess

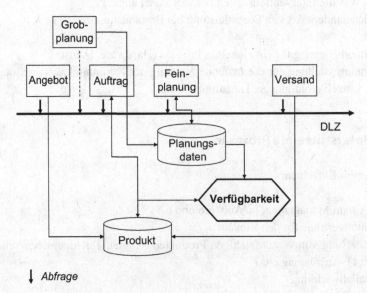

Abb. 6.7 Verfügbarkeitsprüfung

- Network- und IT-Infrastruktur-Management

  In den meisten Kommunikationsunternehmen sind diese Funktionen getrennt und
  unterstehen auch getrennten Verantwortlichkeiten. Das Kommunikationsnetz dient ausschließlich den externen Kunden, während die IT sämtliche Prozesse des Unternehmens

selbst unterstützt. Gelegentlich kann es vorkommen, dass Unternehmen ihr internes Kommunikationsnetz auch externen Kunden zur Nutzung zur Verfügung stellen.

An dieser Stelle sollen nicht alle Aufgaben einer IT-Abteilung aufgelistet werden. Bezüglich des kundenseitigen Kommunikationsnetzes spielen die Kriterien

- Verfügbarkeit,
- Sicherheit und
- Performance

die größte Rolle.

Service

Unter Service wird an dieser Stelle nicht der Kernprozess Service Assurance verstanden, sondern alle Aktivitäten, die mit der Wartung der Infrastruktur, insbesondere des Kommunikationsnetzes, zusammenhängen.

Customer Relationship Management

Die Aktivitäten des CRM wenden sich an den gesamten Markt, der aus

- der anonymen Öffentlichkeit,
- identifizierbaren Interessenten und
- bereits bekannten Kunden

des Unternehmens besteht. CRM-Instrumente sind

- Data-Warehousing
- Web-Warehousing
- Klick-Stream-Analysis
- Adressdateien
- Text-Mining
- Reader-Scan
- Multi-Channel-Analysis.

Abbildung 6.8 schließlich zeigt die übergeordneten Prozess-Zusammenhänge und damit das Zusammenspiel zwischen den einzelnen Prozessebenen. Auf den ersten Blick wird bereits deutlich, welche Prozesse in einem Notfall unbedingt weiter laufen müssen, um das Unternehmen am Leben zu erhalten. Diese sind mindestens:

- Service Assurance
- Network und IT-Infrastruktur Management
- Billing.

6.2.3 SLAs für die Ersatzteillogistik eines Kommunikationsnetzes

Im Folgenden wollen wir beispielhaft einen Teilprozess in der Tiefe betrachten, der zum Kernprozess „Service Assurance" gehört: die Sicherstellung der Funktionsfähigkeit eines Kommunikationsnetzes durch Maßnahmen, die bereits im Normalbetrieb einen hohen Aufwand erfordern. Ohne diesen Teilprozess würde im Notfall der Gesamtbetrieb einer

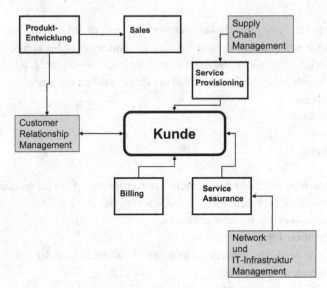

Abb. 6.8 Kunden-Prozesszusammenhänge

Kommunikationsorganisation gefährdet, sodass er definitiv zu den kritischen Prozessen gehört.

Verbunden mit der Sicherstellung des Netzbetriebes sind Service Level Agreements (SLAs), die in Serviceverträgen mit Kunden festgeschrieben sind und somit juristische Relevanz haben.

6.2.3.1 Der Netzbetrieb als Teile von Service Assurance

Das vertragliche Verhältnis zwischen einem Netzteilnehmer und einer Kommunikationsgesellschaft ist ein mehrstufiges (s. Abb. 6.9).

Nach Kontaktaufnahme und Verkaufsgespräch (beides kann ersetzt werden durch die Reaktion eines Interessenten auf eine Werbemaßnahme bzw. durch elektronischen Mail-

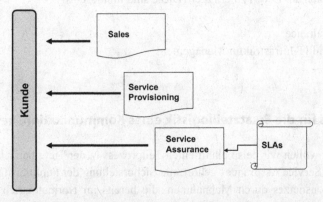

Abb. 6.9 Vertragliche Verhältnisse zwischen Netzteilnehmer und Kommunikationsgesellschaft

Verkehr) erfolgt nach Einigung die vertragliche Regelung. Hier muss unterschieden werden, ob es sich um einen Erstvertrag für ein neues Produkt oder um eine neue vertragliche Regelung für bestehende Leistungen aufgrund verbesserter oder erweiterter Konditionen handelt. Auf jeden Fall geht es um eine Bereitstellung. Das kann eine Dienstleistung allein oder eine Dienstleistung mit zugehöriger Hardware sein. In beiden Fällen tritt der Prozess des Service Provisioning in Kraft.

Ist dieser Teil der vertraglichen Verpflichtungen des Lieferanten einmal erbracht, greift ab jetzt der Prozess der Service Assurance. Das beginnt bereits bei der erweiterten Inbetriebnahme durch den Kunden, wenn er eventuell Unterstützung bei der Erstnutzung des Produktes benötigt, und setzt sich fort bei der Bereinigung jeglicher Störung oder Leistungsdefizits. Das sind die sichtbaren Leistungen der Service Assurance.

Im Hintergrund läuft allerdings ein ganzes Programm zur Sicherstellung des erforderlichen Kommunikationsbetriebes einschließlich der nötigen Rechenkapazitäten zur Steuerung des Netzes, der reibungslose Betrieb des Netzes selbst, dessen Wartung und Instandhaltung.

Die Verträge zwischen Betreibergesellschaft und Kunde beinhalten in der Regel eine Netz- und Diensteverfügbarkeitsklausel, über die eine maximal zulässige Netzunterbrechung festgelegt ist – ein Service Level Agreement (SLA). Häufig handelt es sich um ein Zeitfenster, welches 4 h nicht überschreiten darf. Diese SLAs bestimmen nicht nur das Verhältnis zwischen Kommunikationsgesellschaft und Endkunde, sondern sie werden weiter gegeben an die internen Organisationseinheiten der Firma, die für die Service Assurance direkt verantwortlich ist:

- Betriebspersonal
- Netzüberwachung
- Instandhaltungsabteilung
- Bevorratung von Ersatzteilen und -komponenten
- Ersatzteillogistik etc.

Sind externe Dienstleister in der Versorgungskette beteiligt, gelten diese SLAs entsprechend. Als Teil dieser Kette werden wir uns nun den eigentlichen Ersatzteilprozess im Detail ansehen.

6.2.3.2 Der Ersatzteilprozess

System und Komponenten setzen sich entsprechend ihrer Stücklisten wiederum aus Baugruppen und/oder Einzelteilen zusammen. Man unterscheidet Einzelteile oder Baugruppen, die praktisch verschleißfrei über lange Nutzungszeiträume ihren Dienst tun, andererseits aber auch solche, die aus technologischen Gründen entweder eine kurze Lebensdauer haben oder so kritisch für den Betrieb sind, dass ein Ausfall nicht tolerierbar ist. In der Regel führen Erfahrungsstatistiken über Lebensdauern zu einer Klassifizierung des Ersatzteilspektrums. Hierzu kann eine ABC-Analyse durchgeführt werden. Das Ergebnis sieht dann etwa so aus:

- C-Teile: Ausfall unkritisch, Preis niedrig (Verbrauchsteile)
- B-Teile: Ausfall kritisch, Preis moderat bis teuer
- A-Teile: Ausfall kritisch, Preis sehr teuer.

Man kann diese Analyse erweitern, indem man die Wiederbeschaffungszeiten als weiteres Bevorratungskriterium hinzuzieht. Aus Sicht der Bestandsbewertung sollen die eingelagerten Mengen so niedrig wie möglich sein, sodass z. B. bei A-Teilen entweder überhaupt keine oder nur eine sehr geringe Menge als Ersatzteile vorgehalten wird. Ist die Wiederbeschaffungszeit aber lang, muss man in den sauren Apfel beißen und geringe Mengen bevorraten. Bei häufigem Ausfall von A-Teilen ist darüber nachzudenken, ob andere technische Lösungen zu entwickeln sind.

Ersatzteile werden als solche in den Artikelstammdaten gekennzeichnet, ebenso in den Baugruppen-Stücklisten. Für die Service Assurance bieten sich Explosionszeichnungen an, in denen die Ersatzteile als solche gekennzeichnet sind, sodass ein Service-Techniker bei einer Störung diese Teile problemlos lokalisieren kann. Bezüglich der technischen Verwaltung in den IT-Systemen können Sachmerkmalsleisten angelegt werden, mit deren Hilfe im Falle einer eventuellen Nichtverfügbarkeit eines Teiles ähnliche Teile im Artikelstamm gefunden werden, die vorübergehend eingesetzt werden können.

Abbildung 6.10 zeigt einen Gesamtüberblick über den Ersatzteilprozess im Service Assurance auf Grundlage von einem SLA, welches eine maximale Stillstandszeit des

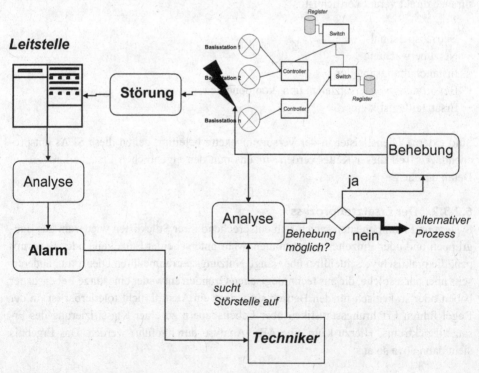

Abb. 6.10 Störungsprozess

Netzbetriebes an einem Knoten (Sendemast, Repeater, Vermittlungsknoten etc.) von 4 h toleriert (ausgenommen ostfriesische Inseln und Hochgebirge):
    Die Leitstelle für den Netzbetrieb

- lokalisiert eine Störung über ihren Leitstand,
- identifiziert die Art der Störung und
- grenzt bereits die möglichen betroffenen Baugruppen ein.

Sie alarmiert einen Service-Techniker, der in der Nähe der Störfallstelle wohnt und in Bereitschaft ist. Der Techniker

- setzt sich in Bewegung,
- sucht die gestörte Lokalität auf und
- analysiert vor Ort die Art der Störung.

Wenn er sie ohne Austausch eines defekten Teiles nicht beheben kann, greift er auf die in Abb. 6.11 dargestellte Infrastruktur zurück. Dabei stehen ihm zunächst drei Stufen zur Verfügung:

- ein Vorrat von kritischen Teilen direkt vor Ort am Netzknoten
- sein Kofferraumlager mit gängigen Ersatzteilen im Service-Wagen
- ein Stützpunktlager in der Nähe der Störstelle.

Abbildung 6.12 stellt den Ablauf an der Störstelle im Detail dar:

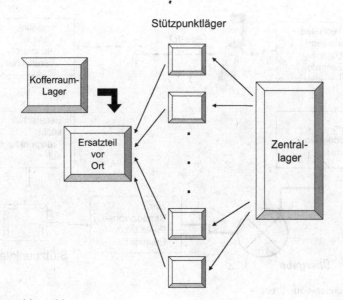

Abb. 6.11 Lagerhierarchie

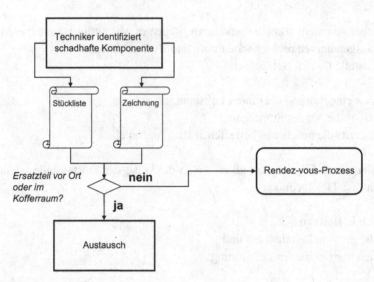

Abb. 6.12 Ablauf an der Störstelle

Der Input (Trigger) kommt vom Kontrollleitstand; der Techniker ist vor Ort. Er grenzt mittels Messgerät (meistens Laptop) die Störung ein. In seinem Service-Ordner findet er die Explosionszeichnung und die Baugruppenstückliste, identifiziert das beschädigte Teil oder die Baugruppe und weiß in kürzester Zeit, wo er das Ersatzteil finden kann. Befindet es sich nicht im Pufferlager vor Ort und auch nicht in seinem Kofferraum, muss er einen Rendez-vous-Prozess mit einem Vertrags-Logistik-Dienstleister anstoßen. Dieser Prozess ist in Abb. 6.13 dargestellt.

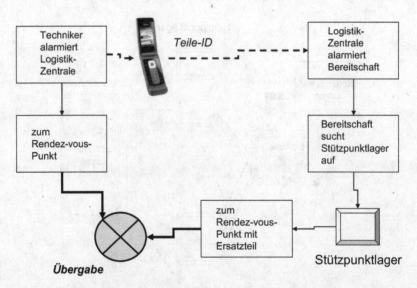

Abb. 6.13 Rendez-vous-Prozess

Es besteht eine vertragliche Vereinbarung mit einem Logistik-Dienstleister innerhalb des SLA-Zeitfensters, wobei dieses jetzt schmaler ist als das des Kunden-SLA – sozusagen abzüglich der geschätzten bisherigen Interventionszeit des Technikers. Der Dienstleister betreibt im Auftrag des Kommunikationsunternehmens ein Netzwerk von Stützpunktlägern im gesamten Sendegebiet. Solche Stützpunktläger können eigens angemietete Hallen, aber auch Lagerräume in Tankstellen etc. sein. In diesen Lägern finden sich ebenfalls alle erforderlichen Unterlagen, um Teile identifizieren zu können.

Tritt der Fall ein, dass ein Ersatzteil aus einem Stützpunktlager benötigt wird, verständigt der Service-Techniker des Kommunikationsunternehmens die Zentrale des Logistikers, die 24 h über 365 Tage lang besetzt ist, und gibt seine Position durch. Er wird dann mit einem Fahrer aus der Bereitschaft verbunden – und zwar mit einer Person, die sich näher als alle anderen zwischen Störstelle und nächstem Stützpunktlager befindet. Der Bereitschaftsfahrer bekommt die Teile-Identifkation und die Koordinaten für einen Rendez-vous-Punkt (entweder an der Störstelle selbst oder auf halbem Wege zwischen Lager und Störstelle). Am Rendez-vous-Punkt findet die Übergabe des Ersatzteils statt. Dabei kann der Bereitschaftsfahrer jedes sinnvolle Verkehrsmittel benutzen (Taxi, eigenes Auto, Fahrrad etc.). Danach kann das Teil eingebaut werden, die Störung behoben und die Freigabe an die Leitstelle gemeldet werden. Dem ganzen Prozess liegt eine Vereinbarung zwischen Logistikdienstleister, Lagerbetreiber und Unternehmen zugrunde.

6.3   Fazit

Sind die Kernprozesse bekannt und dokumentiert?
Sind die unterstützenden Prozesse bekannt und dokumentiert?
Ist das Zusammenspiel der gesamten Prozesslandschaft dokumentiert?
Welche SLAs sind mit wem vereinbart?
Wie wird der Dauerbetrieb des Netzes sichergestellt?

Notfallklassen

7.1 Einleitung

Eine Notfallklasse kann man definieren, indem man die drei Kategorien betrachtet, die, bezogen auf einen Vorfall, zusammenwirken und dadurch den Vorfall bzw. den potenziellen Notfall bewerten lassen. Diese drei Kategorien leiten sich her aus:

- dem Risiko, das von einem Notfall, bezogen auf
  - eine Unternehmensfunktion,
  - einen Prozess,
  - einen Teilprozess oder
  - einer Abfolge von Transaktionen ausgeht.
- der Wahrscheinlichkeit, mit der ein solcher Notfall eintreten kann, und
- den potenziellen Auswirkungen (Impact) durch den Notfall (s. auch Abschn. 4.1 „Schwarzer Schwan").

7.2 Notfallklassifizierung

Bei der Notfallklassifizierung selbst werden wiederum zwei konkrete Bewertungskriterien in Anspruch genommen, was die potenziellen Auswirkungen betrifft:

- die Schadensauswirkung selbst (materielle, immaterielle, nach innen, nach außen) und
- den betroffenen funktionalen Bereich.

© Springer-Verlag Berlin Heidelberg 2016
W. W. Osterhage, *Notfallmanagement in Kommunikationsnetzen*, Xpert.press,
DOI 10.1007/978-3-662-45660-6_7

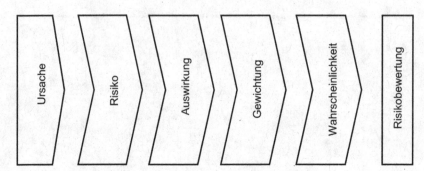

Abb. 7.1 Risikobewertung

Betroffene Bereiche können beispielsweise sein:

- IT- Installationen
- Gebäude-Infrastruktur
- Personen, die körperlich geschädigt sind, und auch das wieder bereichsbezogen
- Energieversorgungseinrichtungen
- das Kommunikationsnetz oder wichtige Teile davon
- Lagereinrichtungen
- weitere ....

Tabelle 7.1 listet mögliche Definitionen von Schadensauswirkungen.

7.3 Risikobewertung

Bei der Risikobewertung unter Zuhilfenahme der definierten Notfallklassen geht es nicht um eine subjektive Einschätzung von tragbaren Schäden oder um die Frage, wie bereit ein Unternehmen ist, ein gewisses Risiko einzugehen, sondern um die mit einem konkreten Risiko behafteten Folgeszenarien, wie in Abb. 7.1 dargestellt.

Lassen Sie uns das einmal anhand eines Beispiels durchspielen:

Wir nehmen konkret das Beispiel aus Kap. 4 und zerlegen es in die beiden Szenarien:

1. Flutung des Zentrallagers (Abb. 7.2) und Netzausfall in weiten Teilen wegen Zusammenbruchs der Stromversorgung (Abb. 7.3)

Fall 1
Ursache: Starkregen, Überflutung eines Flusses

- Risiko: Lager wird überflutet und unzugänglich
- Auswirkungen: Lagertechnologie wird unbrauchbar, Materialien werden vernichtet oder beeinträchtigt; Service Provisioning und Service Assurance stark beeinträchtigt
- Gewichtung: sehr wichtig für den Normalbetrieb

Tab. 7.1 Notfallklassifizierung

Vorfall	Erläuterung	Behandlung
Einfache Störung	Kurzzeitiger Ausfall von Prozessen oder Ressourcen mit nur geringem Schaden	Behandlung ist Teil der üblichen Störungsbehebung
Notfall	Länger andauernder Ausfall von Prozessen oder Ressourcen mit hohem oder sehr hohem Schaden	Behandlung verlangt besondere Notfallorganisation
Krise	Im Wesentlichen auf die Institution begrenzter verschärfter Notfall, der die Existenz der Institution bedroht oder die Gesundheit oder das Leben von Personen beeinträchtigt	Da Krisen nicht breitflächig die Umgebung oder das öffentliche Leben beeinträchtigen, können sie, zumindest größtenteils, innerhalb der Institution selbst behoben werden
Katastrophe	Räumlich und zeitlich nicht begrenztes Großschadensereignis, z. B. Überschwemmungen oder Erdbeben	Aus Sicht einer Institution stellt sich eine Katastrophe als Krise dar und wird intern durch deren Notfallorganisation in Zusammenarbeit mit den externen Hilfsorganisationen bewältigt

Abb. 7.2 Flutung Zentrallager

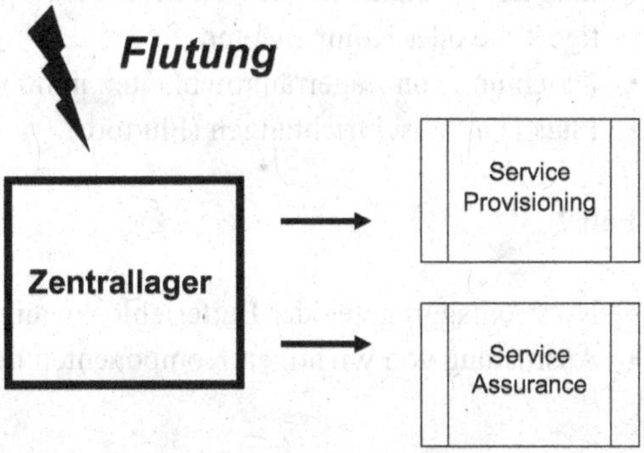

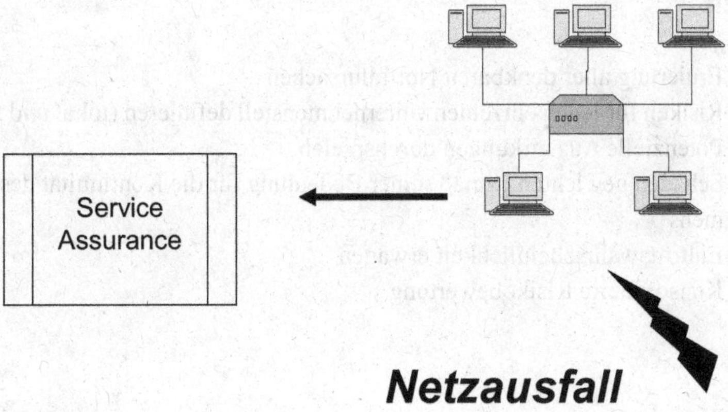

Abb. 7.3 Netzausfall

- Wahrscheinlichkeit: möglich
- Risikobewertung: mittel.

Fall 2
Ursache: Ausfall externe Stromversorgung

- Risiko: Netzausfall in weiten Teilen
- Auswirkungen: Kunden können nicht mehr telefonieren; Service Assurance unmöglich
- Gewichtung: sehr wichtig; existenziell
- Wahrscheinlichkeit: möglich
- Risikobewertung: mittel.

Im Rahmen der Erstellung eines umfassenden Notfallkonzeptes und der dazugehörigen Dokumentation sind solche Bewertungen bezogen auf eine spezifische Einrichtung zu entwickeln. Daraus ergeben sich Prioritäten für eine Maßnahmen-Prophylaxe, z. B.:

Fall 1

- räumlich Redundanz mit weit auseinander liegenden Lokalitäten für existenziell wichtige Teile oder Komponenten
- Errichtung von Lagerräumlichkeiten in höheren Lagen weg von Flüssen
- Flutsicherungseinrichtungen (Fluttore)

Fall 2

- Notstromaggregate oder Batterieblöcke an strategisch wichtigen Orten
- Ausrüstung von wichtigen Komponenten mit USV-Technologie

7.4   Fazit

Schritt 1   Eruierung aller denkbaren Notfallursachen
Schritt 2   Risiken für jeden einzelnen Unternehmensteil definieren (lokal und funktional)
Schritt 3   Potenzielle Auswirkungen durchspielen
Schritt 4   Schaden gewichten gemäß seiner Bedeutung für die Kontinuität des Unternehmens
Schritt 5   Eintrittswahrscheinlichkeit erwägen
Schritt 6   Konsolidierte Risikobewertung

Strategien und Konzepte

8.1 Einleitung

Zur Prävention im IT-Notfallmanagement gehört eine umfangreiche Dokumentation. Sie lässt sich grundsätzlich gliedern in zwei Bereiche:

- Bestandsaufnahme und
- Drehbücher.

Zu dem ersten Block gehören

- Prozessaufnahmen, sofern nicht bereits durch andere Projekte vorhanden
- Identifikation von kritischen Abläufen
- Risiken
- vorhandene Ressourcen.

Der zweite Block schließlich umfasst

- Handbücher und
- Handlungsanweisungen – also eine Art Maßnahmenkatalog, was zu tun ist, wenn der Ernstfall eintritt.

Das bedeutet aber jede Menge Vorarbeiten, bis so ein Notfallgesamtkonzept steht. Neben der Risikoanalyse ist die Business-Impact-Analyse (BIA) die Basis für Entscheidungen über das weitere Vorgehen.

Tabelle 8.1 fasst diese Vorarbeiten noch einmal zusammen.

© Springer-Verlag Berlin Heidelberg 2016
W. W. Osterhage, *Notfallmanagement in Kommunikationsnetzen,* Xpert.press,
DOI 10.1007/978-3-662-45660-6_8

Tab. 8.1 Vorarbeiten

Vorarbeiten	
Elemente	Notfallvorsorgekonzept
	Notfallhandbuch
Business-Impact-Analyse	Kritische Geschäftsprozesse
	Ressourcen
Risikoanalyse	

8.2 Business Impact Analyse

Die BIA ist kein eigenständiges Ziel in sich selbst, sondern dient letztendlich dazu, Folgendes zu erreichen:

- die Aufrechterhaltung des Geschäftsbetriebs und damit
- die Absicherung kritischer Prozesse.

Die Abb. 8.1 zeigt den Gesamtkontext innerhalb von Notfallsituationen auf:

In diesem Zusammenhang muss die Frage beantwortet werden: Was bedeutet eigentlich „kritisch"? – Eine erste Antwort – gerade im Zusammenhang mit Kontinuitätsbetrachtungen – wird durch das Kriterium „zeitkritisch" gegeben. Damit sind wir bei den in Abb. 8.1 genannten „Kontinuitätsoptionen", der unmittelbaren Weiterführung, der schnellen Wiederaufnahme existenziell wichtiger Tätigkeiten. Es geht

- um die Vermeidung bzw. Minimierung von Geschäfts- und Produktionseinbrüchen sowie
- negativen Außenwirkungen und
- um die Einhaltung von Verpflichtungen gegenüber Dritten bzw. der Gesetzeslage.

Prozesse, die hiervon tangiert werden, werden als kritisch klassifiziert. Bei den Kontinuitätsoptionen handelt es sich aber möglicherweise nicht um alternativlose Verfahren, diese Ziele zu erreichen, sondern darum – je nach möglichem Schadensszenario – Alternativen parat zu halten, die jeweils zu anderen Kontinuitätsstrategien mit ihren je eigenen Kon-

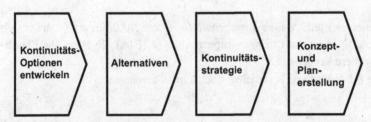

Abb. 8.1 Strategische Optionen

zepten und Notfallplänen führen. Andere Prozesse sind nicht „unkritisch", haben aber eine
niedrigere Priorität.

8.2.1 Identifikationen

Im Rahmen der BIA gilt es zunächst, die Auswirkungen von Störungen jeglicher Art festzuhalten:

- Unterbrechungen von Prozessen
- kompletter Verlust eines kritischen Geschäftsprozesses (weil z. B. die technischen Voraussetzungen verloren gegangen sind)
- betroffene Produkte und Dienste, die diesen Prozessen zugeordnet sind.

Aus diesen Überlegungen folgen dann die Abschätzung von Folgeschäden sowie eine detaillierte Betriebsunterbrechungsanalyse. Ziele dabei sind die Definition von möglichen
Wiederanlaufpunkten sowie das Festlegen von Prioritäten für den Wiederanlauf nach
einem Notfall (welcher Prozess soll/kann zuerst neu aufsetzen). Dabei spielt nicht nur
die Priorisierung anhand von BIA-Kriterien eine Rolle, sondern möglicherweise auch die
Machbarkeit, mit vorhandenen Mittel weiter zu arbeiten.

8.2.2 BIA im Einzelnen

Abbildung 8.2 zeigt den Ablauf einer BIA im Einzelnen. Es fängt an mit der Identifikation
von organisatorischen Geltungsbereichen (Einheiten, Lokalitäten, Beteiligungen) sowie

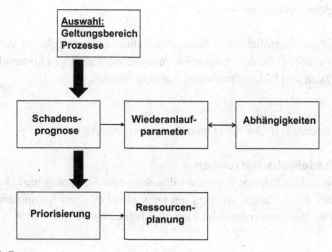

Abb. 8.2 BIA-Prozess

der kritischen Prozesse nach den Überlegungen wie eingangs von Abschn. 8.2 erläutert. Dann folgt eine Prozesskette, die mit Schadensszenarien beginnt, Wiederanlaufparameter festlegt, wie

- Zeitpunkte
- Reihenfolgen
- Datenvoraussetzungen
- Minimalressourcen etc.,

gefolgt von der Erkenntnis über Abhängigkeiten von Prozessen oder Teilprozessen untereinander. Das kann zu Rückkopplungen zu den Wiederanlaufparametern führen.

Eine weitere Teilprozesskette beschäftigt sich mit Priorisierungen sowie der Planung von Ressourcen – und zwar für

- den Normalbetrieb und
- den Notbetrieb.

8.2.2.1 Datensammlung

Die Datenbasis, die den oben angeführten Überlegungen zugrunde liegt, umfasst die folgenden Aspekte:

- alle relevanten Geschäftsprozesse
- deren Zuordnung zu individuellen Geschäftszielen
- die Abhängigkeiten zwischen einzelnen Prozessen
- alle Stammdaten der Institution
- eine Dokumentation der Unternehmensstruktur
- die wichtigsten Lokationen.

Es ist nicht selbstverständlich, dass diese Informationen alle abrufbereit vorliegen. Deshalb müssen sie oder Teile davon zunächst zusammengetragen und konsolidiert werden. Vorhandene Daten und Dokumente müssen geprüft werden, ob

- sie noch aktuell sind und
- sie den Anforderungen des Notfallmanagements genügen.

8.2.2.2 Schadensabschätzungen

Bezogen auf die identifizierten Prozesse sollte dann eine Schätzung bezüglich der zu erwartenden Höhe des Schadens erfolgen. Im konkreten Fall eines Kommunikationsunternehmens müssen die Kernprozesse im Einzelfall betrachtet werden:

Abb. 8.3 Wiederanlaufparameter

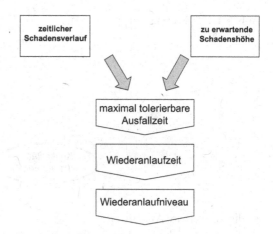

- Produkt-Entwicklung – z. B. Verzögerung bei der Markteinführung neuer Dienste
- Sales – z. B. entgangene Umsätze durch Akquisitionsstillstand
- Service Provisioning – Konventionalstrafen wegen Nicht-Einhaltung vertraglicher Verpflichtungen
- Service Assurance – entgangene Entgelte wegen Unmöglichkeit der Kommunikation; Konventionalstrafen wegen Nicht-Einhaltung von SLAs
- Billing – verspätete Zahlungseingänge wegen fehlender Rechnungsstellung.

Im Zusammenhang mit diesen und anderen Ausfällen muss dann die jeweilige Schadenshöhe beziffert werden. Beim Durchspielen des Notfallszenarios ist die zeitliche Entwicklung des Schadensverlaufs vom Zeitpunkt der Unterbrechung über den provisorischen Teilwiederanlauf bis zum endgültigen Neustart inklusive Nachlaufproblemen zu betrachten.

Zu den Randbedingungen, die neben den konkreten Schadenskategorien in die Analyse einzubeziehen sind, gehören, wie oben geschildert, auch kritische Termine oder Zeitfenster, die entweder aus saisonalen Betrachtungen, besonderen Verpflichtungen oder Geschäftsplänen herzuleiten sind.

8.2.2.3 Wiederanlaufkriterien

Abbildung 8.3 zeigt die Ermittlung der Wiederanlaufkriterien. Wie man erkennt, sind die Inputparameter

- der zeitliche Schadensverlauf und
- die geschätzte Schadenshöhe.

Daraus ergeben sind dann

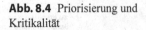 **Abb. 8.4** Priorisierung und
Kritikalität

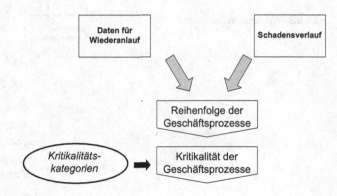

- die tolerierbare Ausfallzeit
- die erforderliche Wiederanlaufzeit sowie
- das Wiederanlaufniveau.

Bei dem Wiederanlaufniveau handelt es sich um den Aufsetzpunkt nach dem Notfall, also z. B. die Abarbeitung eines Backlogs beim Service Provisioning.

8.2.2.4   Reihenfolgen und Kritikalität

Abbildung 8.4 zeigt die Zusammenhänge zwischen Kritikalität und Wiederanlaufreihenfolge. Die Inputparameter hier sind:

- die Wiederanlaufdaten und
- der projizierte Schadensverlauf.

Anhand der vorher festgelegten Kritikalitätskategorie und Prozess übergreifenden Abhängigkeiten ergibt sich daraus die Wiederanlaufreihenfolge.

Bei der Dokumentation der kritischen Prozesse empfiehlt sich die so genannte EPK-Darstellung (EPK: **E**reignis gesteuerte **P**rozess**k**ette) wie in Abb. 8.5 schematisch dargestellt. EPK verweist auf einen „Ereignis getriebenen Prozess". Ausgehend von entweder einem Vorgängerereignis oder einem Impuls von außen wird eine Funktion angestoßen, die entweder eine Folgefunktion, ein neues Ereignis oder ein Ergebnis (Output) erzeugt.

Will man zusätzlich zu den EPKs noch die Abhängigkeiten von Systemen dokumentieren, bietet sich ein Schema wie in Abb. 8.6 an. In der Abbildung benennt die linke Spalte den relevanten Vorgang innerhalb des Prozesses im Klartext, in den nach rechts folgenden Spalten sind die beteiligten Systeme aufgeführt. Jede kleine Raute bezeichnet ein Ereignis. Die Pfeile geben den Informationsfluss wieder. Zusätzlich lassen sich Kommentare einfügen.

8.2.2.5   Hauptaufwandstreiber

Als **HAT** (Hauptaufwandstreiber) wird ein Prozess verstanden, der beim User einen hohen Aufwand verursacht. Dieser Aufwand kann seine Ursachen haben

Abb. 8.5 EPK-Darstellung

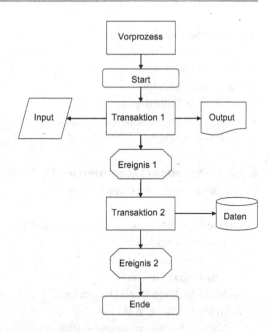

- in der Zeit, die für eine einmalige Transaktion erforderlich ist, und
- im Mengengerüst, das pro Zeiteinheit abzuarbeiten ist.

In beiden Fällen spielt der Automatisierungsgrad bei der Systemstützung eine entscheidende Rolle. Es gilt also zunächst, die HATs in einer Organisation zu identifizieren, sie dann als EPKs darzustellen und dann letztendlich Schlüsse in Richtung Kritikalität zu ziehen. HATs sind nicht notwendigerweise gleichzeitig Kernprozesse, können es aber sein. Bei der Kritikalitätsbewertung sind also Abwägungen zwischen HATs und Kernprozessen zu treffen, sofern keine Deckungsgleichheit besteht.

Bei der Dokumentation der Prozesse sind die folgenden Informationen vonnöten:

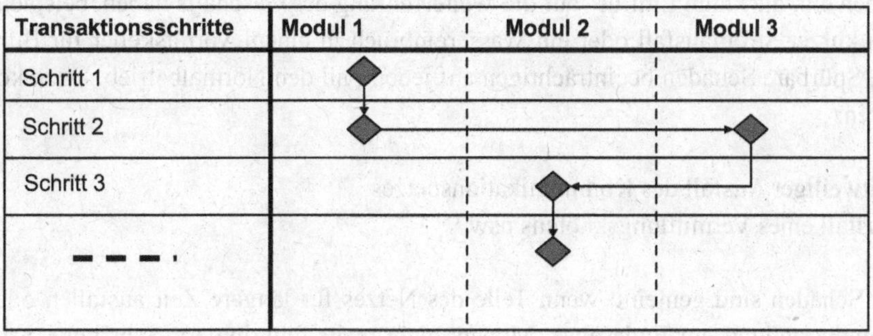

Transaktionsschritte	Modul 1	Modul 2	Modul 3
Schritt 1	◆		
Schritt 2	◆		◆
Schritt 3		◆	
– – –		◆	

Abb. 8.6 Prozessgesamtbild mit Systemen

- eine eindeutige Bezeichnung
- eine Kurzbeschreibung
- der benötigte Input
- der gelieferte Output
- zugehörige Teilprozesse
- Verknüpfungen zu anderen Prozessen
- der Prozessowner.

8.2.2.6 Schadenskategorien und Schadensszenarien

Grundsätzlich werden unterschieden

- direkte Schäden; dazu gehören unter anderem
  - Personenschaden
  - alle materiellen Schäden
  - entgangene Gewinne
  - Verluste durch Rechtsfolgen und
- indirekte Schäden, z. B.
  - Verlust durch entgangene Aufträge
  - Verlust an Marktanteil
  - Imageverlust.

Da häufig eine Quantifizierung schwierig ist, hilft man sich mit einer qualitativen Einstufung der Schadenskategorien. Die Gewichtung nach

- niedrig,
- spürbar,
- hoch und
- sehr hoch

richtet sich nach den zu erwartenden Ausfällen. Die Kategorie „niedrig" schließt solche Schäden ein, die kaum Einfluss auf die Weiterführung des Geschäfts haben, beispielsweise ein kurzer Stromausfall oder ein Wassereinbruch in einem Vorratskeller für Büromaterial. Spürbare Schäden beeinträchtigen auf jeden Fall den Normalbetrieb. Dazu können gehören:

- zeitweiliger Ausfall des Kommunikationsnetzes
- Ausfall eines Vermittlungsknotens usw.

Hohe Schäden sind gemeint, wenn Teile des Netzes für längere Zeit ausfallen oder die Rechnungsstellung am Ende eines Monats nicht mehr funktioniert. Sehr hohe Schäden gefährden die Existenz des Unternehmens, z. B. der Zusammenbruch der gesamten Verwaltung als Folge eines Erdbebens.

Alle potenziellen Schadensszenarien sollten die folgenden Konsequenzen erwägen:

- finanzielle Auswirkungen (Wiederherstellkosten, entgangene Gewinne)
- Weiterführung oder nicht der kritischen Geschäftsprozesse
- Verstoß gegen Gesetze, Vorschriften, Verträge
- negative Innen- und Außenwirkung
    - Image-Verlust
    - Kundenverlust
- Gefahren für Leib und Leben
- Einbuße der Managementfähigkeit
- Auswirkungen auf die Einsatzfähigkeit von Mitarbeitern.

8.2.2.7 Zeitliche Entwicklungen

Betrachtet wird das Zeitfenster zwischen dem Eintritt eines Schadens und dem kompletten Wiederanlauf eines Prozesses. Dazwischen liegen die Phasen des Notbetriebes mit anschließendem Teilbetrieb. Man kann dann auf der Kalenderachse ebenso die Weiterentwicklung der Schadensbewertung über die zu definierenden Bewertungsperioden darstellen, d. h., dass ein zunächst als „sehr hoch" eingestufter Schaden während der Weiterentwicklung der Notfallmaßnahmen in die Kategorie „hoch" schlüpft. Oder umgekehrt: Ein zunächst als „hoch" eingeschätzter Schaden, beispielsweise der Ausfall mehrerer Server, kann in die Kategorie „sehr hoch" rücken, wenn bis Ende des Monats kein Ersatzbetrieb aufgebaut werden kann. Bei der Festlegung von Bewertungsperioden sind zu beachten deren

- Anzahl und
- Länge.

Pro Bewertungsperiode wird eine Schadenskategorie in Abhängigkeit von der Art des Geschäfts festgelegt. Des Weiteren sind bei der Festlegung der Bewertungsperioden noch folgende Gesichtspunkte zu beachten:

- Schwankungen der Verfügbarkeitsanforderungen von Geschäftsprozessen: über den Tag, die Woche, den Monat, das Jahr
- Abschlussarbeiten (Monatsende, Quartalsende)
- eventuell Saisongeschäft, sofern relevant (Weihnachten etc.).

Die daraus gewonnenen Erkenntnisse führen letztendlich zu den strategischen Entscheidungen über den Umgang mit kritischen Terminen und Ereignissen. Sobald die Eintrittswahrscheinlichkeiten festgelegt sind, können eine Grobeinschätzung der Schwankungen erfolgen und die Auflistung besonderer zeitlicher Abhängigkeiten.

Bei der Analyse und späteren Strategieentwicklung gibt es differenzierte Betrachtungsweisen, die auch als strategische Varianten herhalten können. Ein üblicher Ansatz besteht natürlich in der Worst-Case-Betrachtung. Eine andere Möglichkeit besteht darin, eine detaillierte Schadensanalyse für bestimmte Zeitspannen durchzuführen. Bei allen Abwägungen sollte aber stets die Abweichung vom Normalfall, d. h. vom Normalbetrieb einer Organisation, zugrunde gelegt werden, und nicht irgendwelche Idealzustände, wie man sie gerne haben würde.

8.2.2.8   Wiederanlauf

Wir gehen zunächst davon aus, dass ein funktionierender Notbetrieb etabliert werden konnte. Solch ein Notbetrieb kann naturgemäß nicht die volle Funktionsfähigkeit des Normalbetriebs erbringen. Deshalb sind dafür die erforderlichen Kapazitäten und Ressourcen als knapp zu betrachten und nach entsprechenden Priorisierungen zuzuordnen. Bei der Ressourcenbetrachtung sind mit einzubeziehen:

- eigene Ressourcen
- einzukaufende Fremdressourcen (auch in anderen Lokalitäten)
- andersartige Einsätze gegenüber dem Normalfall, da sich Prozesse und Abläufe geändert haben.

Abbildung 8.7 zeigt schematisch ein Wiederanlaufszenario. Dabei ist zu bedenken, dass es unterschiedliche Abhängigkeiten zwischen verschiedenen Prozessen geben kann, was wiederum zu Verzögerungen beim Wiederanlauf führt.

Beispielhaft seien hier zwei mögliche Abhängigkeiten angeführt:

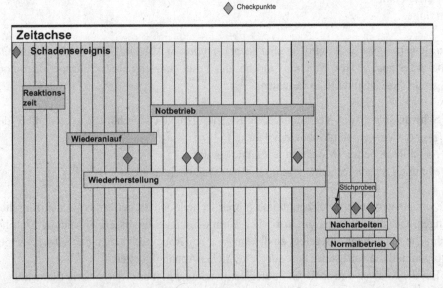

Abb. 8.7 Wiederanlaufszenario

- *Beispiel 1:* Benötigter Output eines Vorprozesses für den kritischen Geschäftsprozess selbst
- *Beispiel 2:* Erzeugung eines Outputs des kritischen Prozesses für einen Nachfolgeprozess.

Selbst, wenn der Nachfolgeprozess als „unkritisch" kategorisiert worden ist, kann ein Verarbeitungs-Backlog entstehen, der die Prozesskette zum Stillstand bringt. Deshalb sind folgende Gesichtspunkte zu beachten:

- Ermittlung der Prozessabhängigkeiten in Richtung Vorgänger und Nachfolger.
- Mögliche Unterschiede der Prozessabhängigkeiten zwischen Not- und Normalbetrieb identifizieren.
- Abhängigkeiten im Notbetrieb können sich wandeln.
- Bei hohen Abhängigkeiten ist nicht nur der kritische Prozess, sondern die gesamte Prozesskette zu betrachten.
- Auswirkungen auf die Wiederanlaufzeiten der einzelnen Prozesskettenglieder.

8.2.2.9   Geschäftsziele
Bei der BIA sind Einschränkungen unausbleiblich. Zu den Randbedingungen gehören:

- Identifizierung der Kernprozesse als Top-Down-Analyse durch die Leitung unter Berücksichtigung übergeordneter Geschäftsziele.
- Ist ein Prozess Bestandteil mehrerer Prozessketten, so schlägt sich diese Tatsache indirekt auch in der Schadensanalyse nieder.
- Zu den Kernprozessen einer Kommunikationsgesellschaft gehören:
  - Produktentwicklung
  - Sales
  - Service Provisioning
  - Service Assurance
  - Billing.
- Von sekundärer Bedeutung sind die unterstützenden Prozesse, wie
  - Supply Chain Management
  - Network- und IT-Infrastruktur-Management
  - Service
  - Customer Relationship Management.
- Es bleibt aber festzuhalten, dass die „normalen" Geschäftsziele nur durch eine optimale Kombination der Kern- und Supportprozesse unter Notfallbedingungen zu erreichen sind. Diese Kombination sollte als Ergebnis der BIA erreicht werden.

8.2.2.10   Ressourcen
Zu beachten beim Wiederanlauf sind die folgenden Einschränkungen:

- Ressourcen sind begrenzt.
- Parallelwiederanlauf vieler Prozesse ist nicht machbar.

Deshalb ist es erforderlich, den Wiederanlauf zu entzerren und die Wiederanlaufzeiten für die individuellen Prozesse zu unterscheiden. Die Ressourcen für den Normalbetrieb sind bekannt. Für den Notbetrieb sind sie innerhalb folgender Kategorien neu zu ermitteln:

- Personal
- Daten
- IT-Infrastruktur
- Kommunikationseinrichtungen
- Service
- allgemeine Infrastruktur
- sonstige Betriebsmittel.

Im Einzelnen stellt sich das so dar:

- Personal; dazu gehören
  - Führungskräfte
  - Netzspezialisten
  - sonstige Fachkräfte
  - Verwaltungsangestellte.
- Daten; dazu gehören:
  - klassische Papierablage
  - elektronische Datenträger
  - Speicherinformationen in Systemen
  - Backups.
- IT-Infrastruktur; dazu gehören:
  - Applikationen
  - Hardware
  - Dienstprogramme
  - interne Kommunikationseinrichtungen
  - eigene Telefonanlage
  - alle Terminalgeräte (Scanner, Drucker, Faxgeräte etc.).
- Besondere Berücksichtigung müssen Anwendungen und Zugänge finden, die über Cloud-Services bereitgestellt werden.
- Die Produktionseinrichtungen bei Kommunikationsunternehmen bestehen im Wesentlichen aus den bereitzustellenden Netzkapazitäten nach außen.
- Zur allgemeinen Infrastruktur werden gezählt:
  - das Betriebsgelände
  - Büros

    – Lager
    – Versorgungseinrichtungen aller Art
    – Sonstige.

8.2.2.11 BIA-Bericht

Am Ende steht der BIA-Ergebnisbericht. Er sollte mindestens enthalten

- die Gesamtdokumentation aller Prozesse mit Einzelprozessbewertungen unter Heraus-
  stellung der kritischen Kernprozesse
- die zugehörigen Organisationseinheiten
- Annahmen bei der Auswahl von Schadens- und Risikoszenarien
- Geschäftsziele als Rahmenbedingungen
- Wiederanlaufreihenfolgen
- benötigte Ressourcen mit Bezug zu den kritischen Prozessen
- betrachtete Organisationseinheiten.

8.3 Fazit

Schritt 1   Prozessauswahl treffen
Schritt 2   Schadensprognosen erstellen
Schritt 3   Abhängigkeiten identifizieren
Schritt 4   Priorisierungen anhand von Unternehmenszielen
Schritt 5   Kontinuitätskonzept entwickeln
Schritt 6   Wiederanlaufpläne erstellen

Krisenmanagement 9

9.1 Einleitung

Wann wird ein Notfall zur Krise? – Unter Krise wird ein verschärfter Notfall verstanden, wenn die Existenz einer Institution oder das Leben von Menschen gefährdet ist. In diesem Fall kommen folgende Gesichtspunkte zum Tragen:

- Vorsorge für ein eventuell bestehendes Restrisiko durch organisatorische und technische Maßnahmen
- der Aufbau eines entsprechenden Krisenmanagements mit allen Rollen, Verantwortlichkeiten und notwendigen Ressourcen
- die Identifikation und Analyse von möglichen Krisensituationen; sozusagen eine weitergehende BIA
- die Entwicklung von dazugehörigen Bewältigungsstrategien; wiederum unter den Gesichtspunkten
  - Risiko
  - projizierte Auswirkungen
  - Kritikalität
- die Einleitung von Gegenmaßnahmen im Ernstfall.

Krisenmanagement würde somit als Eskalation des Notfallmanagements mit höheren Anforderungen an das Krisenmanagement und den Krisenstab verstanden werden.

© Springer-Verlag Berlin Heidelberg 2016
W. W. Osterhage, *Notfallmanagement in Kommunikationsnetzen*, Xpert.press,
DOI 10.1007/978-3-662-45660-6_9

9.2 Der Krisenprozess

Abbildung 9.1 und 9.2 illustrieren den Ablauf einer solchen Situation. Abbildung 9.1 gibt den groben Rahmen des Gesamtszenarios wieder, während Abb. 9.2 den Detailablauf darstellt.

Ganz zu Anfang steht die Meldung. Sie löst den Krisenbewältigungsprozess aus. Er beginnt mit Sofortmaßnahmen. Wird dabei eine kritische Schwelle überschritten, erfolgt eine Eskalation an den Krisenstabsleiter. Entsprechend seiner Lagebeurteilung werden Notfallteams und der Krisenstab aktiviert. Der Krisenstab

- trifft Entscheidungen,
- entwickelt Anweisungen,
- überwacht und
- steuert das Geschehen

bis zur Wiederherstellung des ursprünglichen Zustands.

Eine Notfallmeldung trifft auf den vorher festgelegten Wegen, möglichst im vereinbarten Format, ein. Diese Meldung kann aus unterschiedlichen Quellen kommen – von

- Mitarbeitern
- externen Stellen, z. B.
  - Feuerwehr (bei Bränden, Überflutungen)
  - THW (bei Naturkatastrophen)

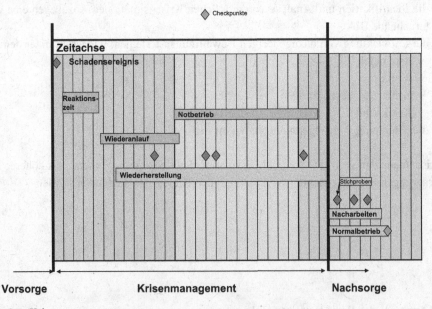

Abb. 9.1 Krisenprozess

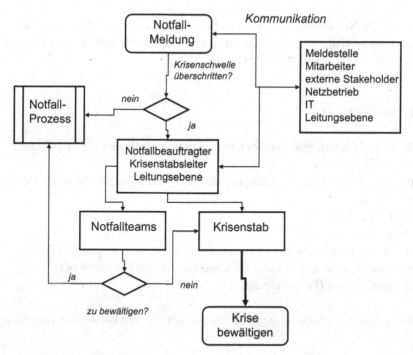

Abb. 9.2 Der Krisenprozess im Detail

- − Nachrichtenmedien (bei Naturkatastrophen)
- − Polizei (z. B. bei atmosphärischen Gefährdungen, Bombenalarm)
- • Netzbetrieb
- • IT.

Die Meldung gelangt auf dem vereinbarten Weg an den Notfallbeauftragten, der eine Vorentscheidung trifft, ob die vordefinierte Krisenschwelle überschritten wurde. Daraufhin wird ein Rumpf-Krisenstab einberufen, bestehend aus

- • Notfallbeauftragtem
- • Krisenstabsleiter und
- • Unternehmensleitung, unter Umständen
- • Verantwortlichem Netzbetrieb,

der die Lage erneut beurteilt. Dabei wird die Kommunikation mit den meldenden Stellen aufrecht erhalten und unter Umständen werden weitere Kommunikationspartner einbezogen, z. B. externe Stakeholder wie Kunden. Es werden aktiviert:

- • die Notfallteams und
- • der Krisenstab.

Zeigen sich die Notfallteams in der Lage, die Situation zu beherrschen, greift der verein-
barte normale Notfallprozess, wenn nicht, müssen dem Krisenstab alle Mittel zur Verfügung gestellt werden, um die Krise zu managen.

9.2.1 Meldungen

Die Meldung eines Krisenereignisses kann auf unterschiedlichen Wegen erfolgen:

- entweder durch direkte Wahrnehmung durch die Gesamtorganisation (Naturkatastro-
  phe) oder
- durch interne Mitteilung
  - einer Einzelperson oder
  - einer Organisationseinheit (Totalausfall des Kommunikationsnetzes) oder
- von betroffenen Personen (Ausfall bestimmter Dienste) von außen oder
- durch Institutionen (Feuerwehr etc.).

Im Vorhinein müssen Meldewege festgelegt werden, die von der Art des Ereignisses abhängen:

- Feuer
- Wassereinbruch
- Netzausfall
- Ausfall wichtiger IT-Einrichtungen
- Ausfall der Logistikfähigkeit durch Zerstörung eines Lagers.

Wenn die Zeit es noch zulässt, sind bestimmte Meldeformate einzuhalten. Die folgenden
Inhalte sollten nach Möglichkeit mitgeteilt werden:

- Datum und Uhrzeit
- betroffene Lokalität
- Identität des Melders
- betroffene Personen
- betroffene Organisationseinheiten
- betroffene Prozesse
- vermutete oder tatsächliche Auslöser des Notfalls
- absehbare Folgen.

Grundsätzlich sollen Meldungen

- klar,
- sachlich,

- kurz und
- vollständig sowie
- ohne emotionale Wertung

sein. Es ist zu trennen zwischen Tatsachen und Vermutungen. Informationsquellen sind entweder eigene Beobachtungen oder Aussagen von Dritten, die weitergegeben werden.

9.2.2 Eskalation

Wie eingangs angedeutet, erfolgt eine Eskalation in Abhängigkeit von vorher festgelegten Schwellen, die überschritten werden. Die Eskalation selbst kann durch Stufen gekennzeichnet werden, die beispielsweise bei 1 beginnen (niedrigste Stufe) und bei 5 enden (höchste Stufe). Folgende Kategorien sind denkbar:

- einfache Störung
- Alarm
- Krise
- Katastrophe.

Noch vor einer eigentlichen Eskalation müssen Sofortmaßnahmen ergriffen werden. Dazu gehören:

- das Löschen von Bränden
- eventuell Evakuierungen
- Rettung von Personen
- Erste-Hilfe-Leistungen.

Um ein Minimum an Effektivität zu gewährleisten, sind die Zuständigkeiten im Vorfeld festzulegen. Auch dazu müssen qualifizierte Beauftragungen und Rollen vergeben werden, wie z. B.

- Ersthelfer
- Sanitäter
- Brandhelfer.

Aus solchen Rollen setzen sich dann die Einsatzteams zusammen.

9.2.3 Krisenstab

Zu den Kernaufgaben des Krisenstabes gehören:

- Entscheidungen treffen
- die Koordination von Notfallteams
- Ressourcen mobilisieren
- Prioritäten setzen
- einen rudimentären Betrieb überwachen.

Diese Aufgaben werden im Detail umgesetzt durch

- Informationsbeschaffung und -auswertung
- das kontinuierliche Bewerten der aktuellen Lage
- Entwickeln von Handlungsoptionen bezogen auf
  - Erfolgsaussichten
  - Folgerisiken
  - vorhandene Rahmenbedingungen
- das Festlegen von Maßnahmen
- die Steuerung der Notfallteams
- die Überprüfung der Wirksamkeit von Maßnahmen
- das Entwickeln von Alternativen
- die Kommunikation mit allen Beteiligten.

Abbildung 9.3 zeigt den Gesamtzusammenhang.

Es handelt sich dabei also um einen Zyklus, an dessen Anfang das Zurkenntnisnehmen eines abnormalen Zustandes steht, gefolgt von einer Beurteilung darüber, was nun eigentlich geschehen ist und wie sich die Gesamtsituation, gemessen an dem vorhergehenden Normalbetrieb, darstellt. Daraus folgen Entscheidungen über erste Maßnahmen, deren Wirksamkeit und Durchführung in der Folge kontrolliert werden. Danach wird erneut die

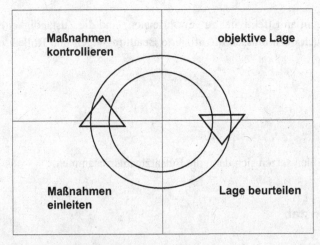

Abb. 9.3 Intervention des Krisenstabes

sich einstellende Lage zur Kenntnis genommen und der Zyklus beginnt von vorne – so-
lange, bis sich akzeptable Ergebnisse einstellen.

9.2.3.1   Die Lage

Die die Lage auszeichnenden Faktoren sind:

- Art und Umfang von Beeinträchtigungen
- Schäden aller Art
- voraussichtliche Entwicklung des Notfalls
- Zahl der unmittelbar betroffenen Personen
- akute Gefahren
- Zeitpunkt des Geschehens
- Zustand der Versorgungsnetze
- Zustand des Verkehrsnetzes
- Zustand des Kommunikationsnetzes
- Zustand der IT-Infrastruktur.

Die Sammlung aller relevanten Informationen, die ein möglichst vollständiges Lagebild
abgeben, kann nicht durch den Krisenstab allein erfolgen, sondern muss durch entspre-
chendes Hilfspersonal unterstützt werden. Der Krisenstab kann auf dieser Basis dann

- die Art des Vorfalls einordnen (Störung, Krise etc.)
- den Umfang der Schäden abschätzen
- den Ablauf der Ereignisse nachvollziehen und
- die Wirkungen bereits ergriffener Maßnahmen beurteilen.

Neben den dynamischen Informationen aus dem Vorfall selbst müssen dem Krisenstab
weitere Basisinformationen vorliegen. Dazu gehören:

- Gebäudepläne
- Lagepläne
- Raumbelegungspläne
- Lage von Versorgungseinrichtungen
- Netzpläne von Kommunikationseinrichtungen.

Diese Unterlagen sollten den aktuellen Stand wiedergeben. Zur Beurteilungen gehören

- Prognosen über die weitere mögliche Schadensentwicklung
- die kurz-, mittel- und langfristigen Beeinträchtigungen
- Möglichkeiten zur Begrenzung von Schäden und
- Maßnahmen zur Behebung entwickeln.

Im Rahmen all dieser Überlegungen sind zu berücksichtigen:

- Prüfung auf Erfolgsaussichten
- Vor- und Nachteilsabwägungen
- Einschätzung der Effektivität
- Festlegung der Bewältigungsstrategie (aus einem Katalog vorher entwickelter Optionen)
- richtige Mittel zur rechten Zeit am rechten Ort einsetzen
- Berücksichtigung der strategischen Ziele
- Berücksichtigung verfügbarer Ressourcen.

Sind Entscheidungen einmal gefallen, wird ein Prozess in Gang gesetzt, der in Abb. 9.4 dargestellt ist.

9.2.4 Geschäftsfortführung

Um nach dem Eintritt eines Notfalls das Geschäft fortführen zu können, sind zwei Instanzen maßgebend:

- der Notbetrieb und später
- der Wiederanlauf.

Der Wiederanlauf stützt sich auf

- Wiederanlaufpläne mit
- Wiederanlaufzeiten.

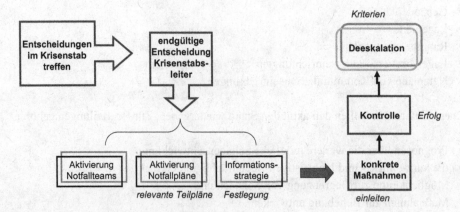

Abb. 9.4 Handlungsoptionen

Unter Notbetrieb versteht man

* einen reduzierten „Normalbetrieb" bzw.
* einen reduzierten Betrieb mit Ausweichressourcen oder
* einen Alternativbetrieb.

Bei massiver Beeinträchtigung der Kommunikationseinrichtungen würde ein reduzierter Normalbetrieb nur mithilfe von den Netzteilen möglich sein, die nicht ausgefallen sind, sodass eine Vielzahl von Teilnehmern für eine gewisse Zeit nicht mehr auf das Netz zugreifen kann. Ausweichressourcen wären dann redundante Komponenten oder die Möglichkeit, Teile der Kommunikation mit reduzierter Performance auf noch vorhandene umzuleiten. Ein Alternativbetrieb z. B. über externe Dienstleister ist für umfangreiche Kommunikationsnetze so gut wie ausgeschlossen.

Am Ende steht dann die Entscheidung über Geschäftsfortführungsalternativen im Notbetrieb als Übergang und dann – nach Durchführung der Wiederanlaufmaßnahmen – ganz am Ende, hoffentlich, die Meldung an den Krisenstab, dass der Betrieb wieder aufgenommen wurde. Beim Wiederanlauf zum Normalbetrieb greifen folgende Kriterien:

* Erfüllung aller Punkte des Wiederanlaufplans
* Verbleib in der Phase des Notbetriebs oder nicht.

9.2.4.1 Rückführung

Um eine Rückführung in den Normalbetrieb zu gewährleisten, muss als Voraussetzung die Verfügbarkeit aller erforderlichen Ressourcen, insbesondere des Kommunikationsnetzes, sicher gestellt sein. Weiterhin ist zu beachten, dass Geschäftsprozesse untereinander abhängig sind, d. h. z. B., dass für den Anlauf eines Prozesses X zunächst der Prozess Y angelaufen sein muss. Im konkreten Fall eines Kommunikationsunternehmens hat zunächst das Service Provisioning zu erfolgen, bevor Service Assurance greifen kann. Deshalb:

* Reihenfolgen und beste Zeitpunkte festlegen
* Koordination der Rückführung durch den Krisenstab.

Während des Stillstandes oder eines reduzierten Notbetriebs treten Arbeitsrückstände auf. Diese müssen während des anlaufenden Normalbetriebs abgearbeitet werden. Zur Vorbereitung sind folgende Maßnahmen erforderlich:

* Aufstellung eines Abarbeitungsplans
* Identifizierung von Ressourcen
* Abstimmung mit dem Betriebsrat.

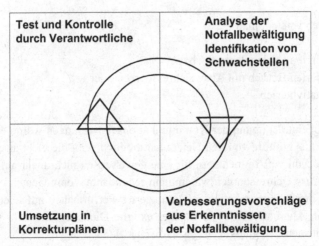

Abb. 9.5 Lessons Learned

9.2.4.2   Lessons Learned

Nach dem Ereignis und unter dem eingeschwungenen Zustand des wieder hergestellten Normalbetriebs kann die Analyse des Erlebten erfolgen. Dazu gehört insbesondere die Identifikation von Schwachstellen (s. Abb. 9.5).

Beteiligt sollten sein:

- der Notfallbeauftragte
- die Notfallkoordinatoren und
- weitere benannte Personen.

Aus den Erkenntnissen der Notfallbewältigung sollen natürlich Verbesserungsvorschläge generiert werden bezogen auf

- die Organisationsstrukturen
- die IT-Organisation
- den Netzbetrieb
- die Geschäftsprozesse allgemein.

Um diese Verbesserungsvorschläge umzusetzen, sind Korrekturpläne aufzustellen und Verantwortliche in den Fachbereichen zu benennen.

9.2.4.3   Dokumentation

Grundsätzlich sollte ein revisionssicheres Notfalltagebuch geführt werden. In diesem Tagebuch finden sich Anwesenheitslisten und alle Meldungen, die während des Notfallzeitraumes generiert worden sind, ebenso eine Protokollierung der jeweiligen Lagebeurteilung. Im Einzelnen werden aufgeführt:

- Zeitpunkte der Arbeit des Krisenstabs
- Lage (Art, Umfang, Abläufe der Ereignisse)
  - Was kann als Nächstes noch geschehen?
  - Welche Auswirkungen sind möglicherweise zu erwarten?
  - Wie kann die weitere Ausbreitung des Schadens eingeschränkt werden?
  - Wie kann der schon entstandene Schaden behoben werden?
- Eckpunkte der getroffenen Entscheidungen mit
  - Namen
  - Rollen
  - beschlossenen Maßnahmen
  - Umsetzungsverantwortlichen
  - Ergebnissen
  - Umsetzungsstatus.

9.2.4.4 Kommunikation

Es ist zu unterscheiden zwischen interner und externer Kommunikation. Kommunikation kann ein wichtiger strategischer Faktor bei der Krisenbewältigung sein. Sie endet nicht mit dem Ende der Krise, sondern wirkt noch eine Weile danach fort und dient dazu,

- zu informieren
- zu bewältigen und
- Vertrauens- und Imageverlusten vorzubeugen.

Sie bedient in diesem Zusammenhang unterschiedliche Zielgruppen innerhalb und außerhalb einer Organisation.

Dazu sind entsprechende Kommunikationsstrukturen zu schaffen. Verantwortlich für alle Medienkontakte ist der Krisenstab mit einem benannten Krisensprecher. Ihm sollte anvertraut sein

- das Leiten von Pressekonferenzen
- das Erstellen von Online-Informationen.

Neben dem Krisensprecher können fallweise Fachexperten hinzugezogen werden, die unterschiedliche Qualifikationen mitbringen:

- technisch-wissenschaftliche
- juristische oder
- besondere Erfahrungen in der Öffentlichkeitsarbeit.

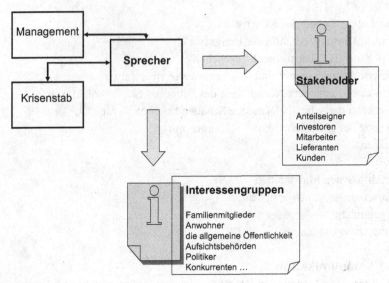

Abb. 9.6 Kommunikationsorganisation

Bezüglich der Kommunikationsstrategie sind folgende Punkte zu beachten:

- einheitliches Auftreten
- gemeinsame Sprachregelungen
- Festlegung, wer welche Zielgruppen informiert
- Welche Informationstiefe zu welchem Zeitpunkt ist sinnvoll?
- Welche Medien bieten sich an?
- Identifizierung der relevanten Interessengruppen (Stakeholder) (s. Abb. 9.6), als da sind
  - Anteilseigner
  - Investoren
  - Management
  - Mitarbeiter
  - Lieferanten
  - Kunden
  - weitere …
- sowie …
  - Familienmitglieder
  - Anwohner
  - die allgemeine Öffentlichkeit
  - Aufsichtsbehörden
  - Politiker
  - Konkurrenten
  - Umweltverbände

- Bürgerinitiativen
- diverse Medien.

Besonderes Augenmerk bei den Interessengruppen ist zu legen auf

- die Analyse von deren
  - Werten
  - Bedürfnissen
  - Motiven
- deren Möglichkeiten der Einflussnahme durch
  - Protestaktionen
  - Boykott
  - rechtliche Schritte
- deren Berücksichtigung des Informations- und Wissensstandes.

9.3   Fazit

Schritt 1:   Feststellung Krise ja/nein
Schritt 2:   Einberufung des Krisenstabes
Schritt 3:   Auslösung des Krisenprozesses
Schritt 4:   Intervention des Krisenstabes
Schritt 5:   Lagebeurteilung
Schritt 6:   Identifikation von Handlungsoptionen
Schritt 7:   Krisenmanagement
Schritt 8:   Rückführung
Schritt 9:   Analyse der Bewältigung

Anhang 1: Vorbereitung

10

Zur gewissenhaften Vorbereitung auf den Ernstfall sind die Ergebnisse aus den Work-shops, der Business-Impact-Analyse sowie der Risikoabwägungen zu konsolidieren und einer ersten Erprobung zu unterziehen. In diesem Kapitel werden wir uns deshalb – mit Blick auf die Praxis – den folgenden Themen widmen:

- Erstellung einer Leitlinie
- Erstellung eines Handbuchs sowie
- Tests und Übungen.

10.1 Leitlinie

In der Leitlinie für das Notfallmanagement sollte der strategische Stellenwert festge-schrieben werden. In ihr werden festgelegt:

- Konzeption,
- Aufbau und
- Aufrechterhaltung

des Notfallmanagements. Sie beschreibt die Begründung für und die Ziele des Notfall-managements. Folgende Inhaltsstruktur ist sinnvoll:

- Zielsetzung des Notfallmanagements
  Hier wird noch einmal ganz allgemein formuliert, was Notfallmanagement bedeutet:
  - vorbereitet zu sein gegen Existenz gefährdende Notfallsituationen für eine Organisation

© Springer-Verlag Berlin Heidelberg 2016
W. W. Osterhage, *Notfallmanagement in Kommunikationsnetzen*, Xpert.press,
DOI 10.1007/978-3-662-45660-6_10

- – vorbeugende Maßnahmen gegen Gefährdungsszenarien einzuleiten
- – organisatorische Voraussetzungen schaffen und Notfallpläne entwickeln, um in Notfällen und Krisen handlungsfähig zu sein
- • Ressourcen für das Notfallmanagement:
  - – für Planungsprozesse zur Verfügung
  - – für die Notfallvorsorge
- • Dazu gehört auch eine Vermeidungsstrategie von unnötigen Risiken.
- • Grundsatzentscheidung über das Vorgehensmodell (beispielsweise BSI-Standard 100-4)
  - – Erarbeitung von Notfallvorsorgekonzepten
  - – Ergebnisse der Business-Impact-Analyse, insbesondere bezüglich der Kernprozesse:
    - – Produkt-Entwicklung
    - – Sales
    - – Service Provisioning
    - – Service Assurance
    - – Billing
- • Organisatorische Festlegungen
  - – Rollen
  - – Zuständigkeiten
- • Berufung eines Notfallbeauftragten
  - – entwickelt organisatorische Konzepte weiter
  - – hat einen Stellvertreter
  - – kann weitere Mitarbeiter Fall bezogen hinzuziehen
- • Lebenszyklus des Notfallmanagements
  - – Aktualisierung der Notfallpläne und Vorsorgemaßnahmen entsprechend der Weiterentwicklung des Unternehmens
  - – Auditierung durch externe Spezialisten
- • Geltungsbereich
  - – geografisch (Standorte)
  - – strukturell (Unternehmenseinheiten).

Zu berücksichtigen bei der Erstellung sind

- • die Grundlagen des IT-Notfallmanagements
- • der Notfallmanagementprozess
- • die Initiierung des Notfallmanagementprozesses.

Nach der Fertigstellung und Freigabe erfolgen die Bekanntgabe und später dann auch Aktualisierungen sowie die Verteilung an

- • alle Mitarbeiter
- • potenzielle Interessengruppen.

Die Prozessbeteiligten des Notfallmanagements bestätigen schriftlich den Erhalt. Aktualisierungen erfolgen durch den Notfallbeauftragten unter Einbeziehung der Leitungsebene bezogen auf Änderung der

- Rahmenbedingungen
- Geschäftsziele
- Strategien.

Zusammenfassung
- Definition des Notfallmanagements
- Geltungsbereich
- Stellenwert des Notfallmanagements für die Organisation
- Zielsetzung der Notfallstrategie
- Vorgehensmodell
- Rollen und Zuständigkeiten
- andere Gesetze, Richtlinien und Vorschriften
- Übernahme der Verantwortung durch die oberste Leitungsebene

10.2 Handbuch

10.2.1 Einleitung

Das Notfallhandbuch fasst alle wichtigen Erkenntnisse, Beschlüsse sowie weitere referenzierte Dokumente zusammen. In seiner Vollständigkeit ist es die wichtigste Basis für Planung und Durchführung von Notfallmaßnahmen. Insofern geht es weit über die strategische Ebene des Leitfadens hinaus. Es ein Dokument der Praxis.

Wir werden Teile daraus in etwas größerem Detail besprechen; hier zunächst die Zusammenfassung:

- **benötigte Organisationsstrukturen:** Dahinter verbirgt sich die virtuelle Notfallorganisation, die schon im Regelbetrieb benannt ist, aber erst bei einen konkreten Vorfall aktiviert wird. Einzelne Mitglieder der Notfallorganisation werden allerdings schon im Vorfeld aktiv, beispielsweise bei der Erstellung des Handbuchs selbst.
- **wichtige Informationen:** Dazu gehören z. B. Telefonnummern von Notfallbeauftragten, Fluchtpläne, Kommunikationspläne, Organigramme, externe Ansprechpartner etc.
- **Maßnahmenkatalog:** alle in der Planungsphase definierten Maßnahmen, die beim Eintritt eines Notfalls getriggert werden, als da sind Aktivierung der Notfallmeldewege, Eskalationen, Zusammenrufen der Notfallteams, des Krisenstabes etc.

- **abgestimmte Aktionen nach Eintritt eines Notfalls mit Notfallvorsorgekonzept:** das Notfallvorsorgekonzept zur Minimierung von Risiken ist Teil der Handbuchdokumentation.
- **Sofortmaßnahmen:** Katalog von einzuleitenden Sofortmaßnahmen in Abhängigkeit von der Schwere der Ereignisse; hier geht es nicht um Geschäftsprozesse, sondern um Leib, Leben und Assets.
- **Krisenstabsleitfaden:** Rollenverteilung innerhalb des Krisenstabes, Ort, Zeiten und personelle Besetzung der Krisenstabszusammenkünfte; Ergebnisdokumentation nach Entscheidungen, Verantwortlichkeiten bei der Durchführung des Krisenmanagements.
- **Krisenkommunikationsplan:** Kommunikation nach innen und nach außen, Sofortbenachrichtigung von persönlich Betroffenen, Breitenkommunikation in die gesamte Organisation hinein, Verhalten zu den externen Medien.
- **Geschäftsfortführungspläne:** vor dem Hintergrund der Notfallsituation (Notfall, Krise, Katastrophe) die Möglichkeiten der Weiterführung eines Teils oder des gesamten Geschäftsbetriebes.
- **Wiederanlaufpläne:** Reihenfolgen und Zeitpunkte für den Wiederanlauf nach Bereinigung der Notfallsituation mit allen Aspekten der Nacharbeit bezogen auf alle Prozesse.

10.2.2 Zweck

Aus der obigen Zusammenstellung wird der Zweck dieses Handbuchs unmittelbar deutlich: Die gesamte Vorgehensweise im Notfall wird in einem konsolidierten Dokument zusammengefasst und ist somit für alle Beteiligten greifbar. Das Handbuch selbst bewältigt allerdings noch nichts aus sich heraus, sondern ist eine Hilfestellung im Falle einer Krise oder eines Notfalls – allerdings eine unerlässliche. Die darin enthaltenen Handlungsanweisungen sollten so verständlich sein, dass alle am Notfallprozess Beteiligten in der Lage sind, ihre zugewiesenen Arbeitsschritte bei der Fortführung der Geschäftsprozesse – auch in rudimentärem Rahmen – verlässlich und nachvollziehbar durchzuführen.

10.2.3 Aufbau

Man kann dieses Handbuch jetzt nach unterschiedlichen Kriterien aufbauen, wobei letztendlich dieselbe Vollständigkeit abgebildet werden muss.

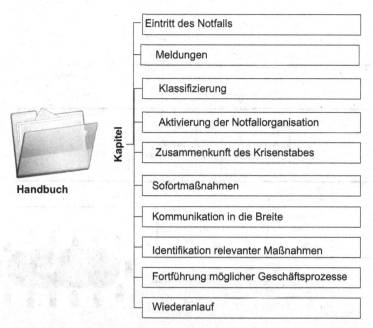

Handbuch

Kapitel

- Eintritt des Notfalls
- Meldungen
- Klassifizierung
- Aktivierung der Notfallorganisation
- Zusammenkunft des Krisenstabes
- Sofortmaßnahmen
- Kommunikation in die Breite
- Identifikation relevanter Maßnahmen
- Fortführung möglicher Geschäftsprozesse
- Wiederanlauf

Abb. 10.1 Handbuch nach Phasen gegliedert

10.2.3.1 Gliederung nach Phasen

Die Gliederung nach Phasen (s. Abb. 10.1) folgt der Reihenfolge der Ereignisse:

> Eintritt des Notfalls >
> Meldungen >
> Klassifizierung >
> Aktivierung der Notfallorganisation >
> Zusammenkunft des Krisenstabes >
> Sofortmaßnahmen >
> Kommunikation in die Breite >
> Identifikation relevanter Maßnahmen >
> Fortführung möglicher Geschäftsprozesse >
> Wiederanlauf.

10.2.3.2 Gliederung nach Verantwortungsebenen

Hier folgen wir den in Abb. 10.2 dargestellten Verantwortlichkeiten auf den unterschiedlichen Ebenen:

- Geschäftsführung bzw. oberste Leitungsebene trifft strategische Entscheidungen, priorisiert, trägt Gesamtverantwortung.

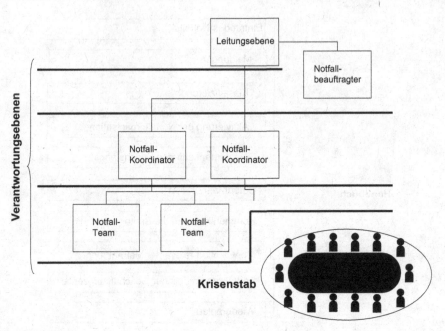

Abb. 10.2 Verantwortungsebenen

- Notfallbeauftragter leitet den Krisenstab und initiiert den Notfallprozess wie vorher definiert.
- Notfallkoordinatoren sitzen in den Fachbereichen und steuern die Maßnahmen dort.
- Notfallteams setzen um.
- Querschnittsfunktionen werden wahrgenommen vom Krisenstab.

Auf all diesen Ebenen werden die im Vorfeld definierten Maßnahmenkataloge und sonstigen Dokumente zugeordnet und bilden so ein harmonisches Ganzes.

10.2.3.3 Gliederung nach Geschäftsprozessen

Die Gliederung nach Geschäftsprozessen ist in Abb. 10.3 dargestellt.

Wir sehen, dass natürlich nicht nur die Kernprozesse in das Handbuch aufgenommen worden sind, sondern auch die Querschnittsprozesse. Diese Handbuchgliederung ordnet nun allen individuellen Prozessen die jeweils relevanten Maßnahmen zu. Damit es nicht zu einer unnötigen Zersplitterung z. B. der Krisenstabtätigkeiten kommt, sollten diese und andere übergeordnete Verantwortlichkeiten in einem einzigen Abschnitt zusammengefasst werden. Was jedoch Geschäftsfortführungs- und Wiederanlaufpläne betrifft, so lassen sich diese individuell zuordnen.

Bei allen drei geschilderten Möglichkeiten sollten jeweils folgende Grundprinzipien beachtet werden:

Informationen, die möglicherweise Änderungen unterworfen sein können, wie sie z. B. durch neue strategische Ausrichtungen der Geschäftstätigkeit hervorgerufen werden (neue

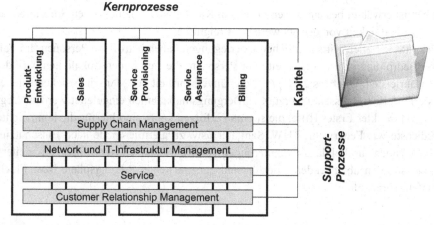

Abb. 10.3 Gliederung nach Prozessen

Schwerpunkte beim Customer Relationship Management oder durch Netzerweiterung zusätzliche Service-Angebote), sollten möglichst zusammengefasst dokumentiert werden, da man dadurch den Dokument-Änderungsaufwand und den Freigabeprozess vereinfacht.

In jedem Fall, ganz gleich für welche Darstellungsform man sich letztendlich entscheidet, sollte ein modularer Aufbau angestrebt werden. Das ist aus Gründen der Lesbarkeit und Referenzierbarkeit wichtig, ebenso auch bezüglich des Update-Verfahrens.

Und schließlich sollte immer nur die aktuelle Version, d. h. die letzte freigegebene, im Umlauf sein. Dazu ist entweder am Anfang oder am Ende des Dokuments eine Freigabe-Historie zu führen (s. Tab. 10.1). Auf diese Weise werden Interpretationsunsicherheiten weitgehend ausgeschlossen).

10.2.4 Sofortmaßnahmenplan

Im Folgenden werden – wie angekündigt – einige spezifische Elemente des Notfallhandbuchs noch einmal gesondert behandelt. Wir beginnen mit dem Sofortmaßnahmenplan.

Tab. 10.1 Versionshistorie

Version	Status	Datum	Verantwortlich	Hinweis
0.1	Zwischenstand			Ersterstellung
0.2	Zwischenstand			Überarbeitung
0.3	Zwischenstand			Überarbeitung
0.4	Zwischenstand			Überarbeitung nach Hinweisen durch ....
1.0	Freigabe		siehe oben	

Wie bereist erwähnt, besteht dieser aus einem Katalog von einzuleitenden Sofortmaßnahmen in Abhängigkeit von der Schwere der Ereignisse.

Priorität vor allen wirtschaftlichen Überlegungen haben betroffene Personen. Im Falle akuter Bedrohung ist die Sicherheit aller Personen, die sich in den Lokalitäten befinden, zu gewährleisten. Oberstes Ziel ist es, die Unversehrtheit der Menschen sicherzustellen. Falls erforderlich, müssen unverzüglich Bergungsmaßnahmen eingeleitet werden. Abgesehen von direkter Erster Hilfe, die spontan erfolgen kann, sind hierfür die kompetenten Hilfsdienste wie Feuerwehr, THW, Sanitäter usw. zu alarmieren. Je nach Einschätzung der Lage haben parallel dazu Evakuierungen von Überlebenden zu erfolgen, um weiteren Personenschaden abzuwenden. Hierfür sind entsprechende Rettungspläne bzw. Fluchtwegtafeln vorzuhalten.

10.2.5 Krisenstabsleitfaden

Der Krisenstab ist alles andere als ein Jour-fix-Meeting oder eine informelle Zusammenkunft. Er trägt die Hauptverantwortung für die Steuerung und damit letztendlich für die Umsetzung aller Notfallmaßnahmen. Deshalb sollte ihm ein eigenes Kapitel im Notfallhandbuch gewidmet sein, das seine Handlungsoptionen unterstützt. In diesem Krisenstabsleitfaden werden zunächst noch einmal die grundsätzlichen Verantwortlichkeiten festgelegt. Dazu gehören:

- **Zielsetzungen:** Welche Schwerpunktaufgaben sollen wahrgenommen werden? Wo liegen die Schnittstellen zwischen der Unternehmensleitung und den Notfallkoordinatoren?
- **Grundsätze:** Welche Entscheidungsbefugnisse werden dem Gremium zugestanden?
- **Rahmenbedingungen:** Kommunikationsmöglichkeiten, Lokalitäten, eventuelle Budgets, Ausweichmöglichkeiten nach außen etc.

Möglichst antizipativ sollten bereits Anweisungen für strategisches und taktisches Handeln vorgehalten werden. Dazu gehören auch Entscheidungshilfen zur Beurteilung der Lage (Bewertungskriterien für die Einordnung eines Notfalls (Störung, Notfall, Krise, Katastrophe), akzeptable Risiken, Gewichtung der Prozesse, maximal zu tolerierende Ausfallzeiten). Daraus ergibt sich weiterhin eine Auswahl von Optionen, bei deren Auswahl die Weichen für die weitere Behandlung des Notfalls gestellt werden.

Selbstverständlich müssen im Krisenstabsleitfaden noch einmal die grundlegenden Informationen wie Aufbau- und Ablauforganisation, Rollen, Aufgaben etc. für Personen und Instanzen, die bei der Krisenbewältigung eine zentrale Rolle spielen, festgehalten werden, auch wenn diese teilweise redundant bereits an anderer Stelle dokumentiert sind.

10.2.6   Krisenkommunikationsplan

Ein weiterer wichtiger Baustein ist der Krisenkommunikationsplan. Es muss exakt festgelegt werden, wer zu welchem Thema zu wem etwas zu berichten hat bzw. berichten darf. Dabei geht es nicht allein um Imagefragen oder Beruhigung der Öffentlichkeit. Eine wichtige Rolle spielt die korrekte Weitergabe von Informationen auch in der Bewältigung des Notfalls selbst, damit die richtigen Anweisungen an die richtigen Leute kommen und kein Handlungschaos entstehen kann. Deshalb also die Regelungen für die interne und die externe Kommunikation.

An allererster Stelle steht die sofortige Information an alle betroffenen Mitarbeiter, dass überhaupt ein Notfall vorliegt, also eine Situation entstanden ist, die die Regelabläufe unterbricht. Weitere Anweisungen erfolgen dann nach einer ersten Zusammenkunft des Krisenstabes. Sind Personenschäden entstanden, müssen von geeigneten Menschen – möglicherweise unter Zuhilfenahme von Polizei oder Notfallseelsorgern – Angehörige informiert werden.

Die Kommunikation nach außen fällt teilweise in den Zuständigkeitsbereich der Öffentlichkeitsarbeit, teilweise muss sie von Einzelpersonen wahrgenommen werden. Letzteres trifft z. B. zu, wenn wichtige Aufträge oder Dauerlieferungen infrage gestellt sind. Geschäftspartner sollten nicht über die Medien erfahren, dass es möglicherweise Lieferschwierigkeiten gibt. Im Netzbetrieb werden die Kunden schon unmittelbar nach den Ausfällen feststellen, dass sie nicht mehr telefonieren können. In diesem Falle ist es wichtig, dass die Gesellschaft zeitnah eine Abschätzung der Ausfalldauer bezogen auf einen geografischen Raum z. B. auf ihrer Homepage oder per Pressemitteilung bekannt gibt. Die eigentliche Öffentlichkeitsarbeit dient dazu, ein realistisches Bild frei von allen möglichen Spekulationen zu vermitteln. Nicht jede Detailinformation ist dabei hilfreich, insbesondere wenn sie von technischer Natur ist, da häufig bei den Medienvertretern, die diese Information einzuschätzen versuchen, das nötige Verständnis dafür fehlt. Der Pressesprecher oder Öffentlichkeitsbeauftragte ist für die sachgerechte Informationsweitergabe zuständig. In dem Leitfaden sollen sich also die

- Art der weiterzugebenden Informationen und
- die Modalitäten der Kommunikation

finden.

10.2.7   Geschäftsfortführungspläne

Geschäftsfortführungspläne sind als Reaktion der Organisation auf Geschäftsunterbrechung zu verstehen. Bei Kommunikationsgesellschaften besteht ja der „größte anzunehmende Unfall" (GAU) im Totalausfall des Netzes. Aber auch bereits Teilausfälle führen zu empfindlichen Störungen sowie Image- und Umsatzverlusten. Nach der ersten Störungs-

meldung erfolgt eine Analyse der Situation. Aus den vorgeplanten Optionen muss der Krisenstab jetzt geeignete Strategien zur Weiterführung bzw. Wiederaufnahme des Geschäfts
entwickeln. Die Geschäftsfortführungspläne beschreiben also zunächst einen Notbetrieb.

Diese Beschreibungen des Notbetriebs beinhalten normalerweise unter anderem auch
Ausweichlokalitäten. Für einen Kommunikationsnetzausfall ist das aber nicht relevant,
lediglich, wenn dezidierte Sektoren betroffen sind (Leitstelle, diagnostisches Zentrum);
allerdings kann ein Kommunikationsunternehmen auch in anderen Bereichen betroffen
sein, obwohl das eigentliche Netz weiter funktioniert. Dazu gehören beispielsweise:

- interne IT-Einrichtungen,
- Zentrallager,
- Infrastruktur aller Art,
- Versorgungseinrichtungen etc.,

sodass in diesen Fällen schon über Ausweichmöglichkeiten nachgedacht werden sollte.

Auf jeden Fall muss das Notfall-Handbuch an dieser Stelle Alternativprozesse vorsehen, die den Weiterbetrieb ermöglichen. Dazu gehört auch ein Kapazitätsabgleich.
Der konkrete Kapazitätsabgleich kann natürlich nicht im Vorfeld geplant werden, da der
Schaden ja noch unbekannt ist. Man kann aber dennoch schon vorher mögliche Bereiche
identifizieren, die unbedingt besetzt werden müssen, und andere, bei denen man (vorübergehend) Ressourcen entbehren kann. Die Notfall- bzw. Alternativprozesse sind im Detail
zu beschreiben. Dazu gehört auch deren Priorisierung, die sich ja meistens aus den Kernprozessen ergibt. Aber auch innerhalb der Kernprozesse gibt es unterschiedliche Prioritäten. So werden möglicherweise Sales und Neu-Entwicklungen zunächst zurückstehen.

Es ist festzulegen, für welche Bereiche bzw. Einheiten die angedachte Notfallorganisation zu gelten hat (Organisationseinheiten, Standorte, Beteiligungen etc.). Die Kontinuitätsstrategien müssen die Zuständigkeiten innerhalb eines Notfallprozessszenarios klar
regeln. Es gilt, Kompetenzstreitigkeiten zwischen den Linienverantwortlichen im Tagesgeschäft und den Zuständigkeiten der Notfallteams zu vermeiden.

Die Alarmierungsmechanismen sind zu definieren, die überhaupt den Notfall und dann
in der Folge alle weiteren Maßnahmen auslösen. Wege und Verantwortlichkeiten müssen
beschrieben werden. Insbesondere sind die Alarmierungswege zur Leitungsebene festzuschreiben (Zugriffsrechte).

Festzulegen sind dann die Aktivierungskriterien für die Weiterführungspläne. Dabei
ist eine Gewichtung vorzunehmen zwischen dem Ausmaß von Ausfällen gegenüber den
Nachteilen, vom Normalprozess abzuweichen, d. h.: Kann unter Umständen der Normalprozess mit gewissen Einschränkungen und Workarounds beibehalten werden oder muss
sofort auf den Ersatzprozess zurückgegriffen werden? Im Vorhinein muss also feststehen, welche Teilprozesse durch ihr Fehlen letztendlich zum Zusammenbruch des Normalgeschäfts führen. Zur Dokumentation der Aktivierungskriterien gehören auch konkrete
Handlungsanweisungen an die Notfallkoordinatoren in den Fachbereichen.

Nach Überwindung des Notfalls werden die Wiederanlaufanforderungen relevant. Die
Reihenfolgenplanung mit Prioritäten legt auch hier fest, wie die Prozessabhängigkeiten

untereinander aussehen. Das gilt auch für die Nacharbeiten, die sich während des Notfalls angesammelt haben. Erst, wenn diese Phase überwunden ist und der eingeschwungene Zustand stabil erreicht wird, werden die Wiederanlaufpläne obsolet. Auch für diese Rückführung in den Normalzustand müssen Kriterien definiert werden, auf deren Basis eine Prüfung erfolgen kann, und auf deren Ergebnis schließlich der Notstand offiziell für beendet erklärt werden kann.

An all diesen Notfallprozessschritten sind eingewiesene und vorher geschulte Mitarbeiter beteiligt, und zwar auf den Ebenen, die in Abb. 10.2 dargestellt sind. All diese Rollen mit ihren Zuständigkeiten und Verantwortlichkeiten sind im Detail in einem gesonderten Kapitel zu beschreiben.

10.2.8 Wiederanlaufpläne

Noch einige Worte zu den Wiederanlaufplänen: Die Wiederanlaufpläne sind zunächst als Ergänzungen zu den Geschäftsfortführungsplänen unter den erschwerten Bedingungen des Notbetriebs zu verstehen. Ein nahtloser Übergang muss gewährleistet werden, ohne dass z. B. Daten verlustig gehen oder komplette Systeme oder Netze ständig neu aufgesetzt werden müssen. Im Grunde genommen sind Wiederanlaufpläne die Arbeitsgrundlage für die Wiederherstellung des Normalbetriebs. Das ist noch einmal schematisch in Abb. 10.4 dargestellt:

Neben der reinen Prozessbeschreibung muss der erforderliche Ressourceneinsatz festgeschrieben werden. Dieser wiederum hängt ab von

- der Kritikalität eines (Teil-)Prozesses und
- der Abhängigkeit von technischen und organisatorischen Schnittstellen.

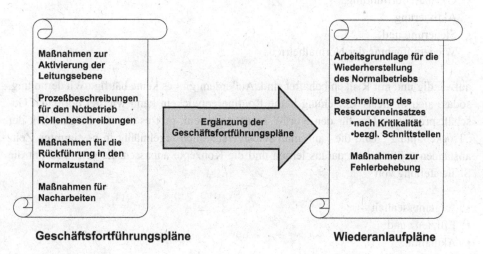

Geschäftsfortführungspläne   **Wiederanlaufpläne**

Abb. 10.4 Wiederanlaufpläne

Außerdem sind Maßnahmen zur Fehlerbehebung zu definieren. Für die Exekution und Steuerung der Wiederanlaufpläne sind auf allen Ebenen namentlich Ansprechpartner zu dokumentieren.

Zusammenfassung
- virtuelle Notfallorganisation
- Basisinformationen
- Maßnahmenkatalog
- abgestimmte Aktionen nach Eintritt eines Notfalls
- Notfallvorsorgekonzept
- Sofortmaßnahmen
- Krisenstabsleitfaden
- Krisenkommunikationsplan
- Geschäftsfortführungspläne
- Wiederanlaufpläne

10.3   Tests und Übungen

10.3.1   Einleitung

Die pro-aktiven Maßnahmen zum Notfallmanagement machen deutlich, dass die geplanten Notfallprozesse hinsichtlich

- Geschäftsfortführung,
- Aktivierung,
- Steuerung und
- Wiederaufnahme des Normalbetriebs

aufwändig und mit Risiken behaftet sind. Außerdem gibt es keine häufige Wiederholung, sodass sich in dieser Beziehung keine Routine entwickeln kann wie bei normalen Geschäftsprozessen. Um für den Notfall gerüstet zu sein, gibt es nur die Möglichkeit der „Trockenübung". Und die kann man selbstverständlich regelmäßig in bestimmten Zeitabständen wiederholen, daraus lernen und die Konzepte anpassen. Es geht also um die Sicherstellung von

- Angemessenheit
- Effizienz und
- Aktualität.

Dahinter steht demnach die Verifikation des Konzepts, welches durch gezielte Tests und Simulationen des Ernstfalls auf seine Praktikabilität geprüft werden soll. Das ist zumindest der Schwerpunkt beim erstmaligen Anwenden. Die Ergebnisse führen dann möglicherweise zu Änderungen und Anpassungen. Die Folgetests dienen eher der Routinebildung. In jedem Fall wird geprüft, ob die Prozessschritte von den einzelnen Beteiligten korrekt umgesetzt werden.

Eine wichtige Rolle spielen dabei auch die technischen Mittel, die zur Notfallbewältigung eingesetzt werden sollen:

- Funktionieren sie wie vorgesehen?
- Reichen die Reserve-Kommunikationseinrichtungen aus?
- Stimmt die Dimensionierung?
- Welche konkreten Beeinträchtigungen des Netzes werden erfahren?
- Sind letztere tolerierbar?

Auch die gesamte Notfalldokumentation kommt in den Tests auf den Prüfstand:

- Ist sie verständlich genug, sodass die Beteiligten damit umgehen können?
- Ist sie eindeutig?
- Was wurde vergessen?

In diesem Sinne sollen also alle Abläufe zunächst geprüft und dann trainiert werden. Durch diese Art von Drill entsteht letztendlich eine gewisse Routine, die die erforderliche Reaktionsfähigkeit schafft. Allerdings sind solche Übungen aufwändig, was Zeiten und Kosten betrifft. Es ist zu entscheiden, ob diese Maßnahmen parallel zum normalen Geschäftsbetrieb durchgeführt werden können. Im Fall des Tests von Abläufen z. B. eines gestörten Kommunikationsnetzes ist das kaum möglich. Dann muss man sich auf einen Walkthrough auf „Papierbasis" verlassen. Bei der Störung der Ersatzteilversorgung kann man schon realistischere Szenarien schaffen, die das normale Rendez-vous-Verfahren ersetzen sollen. Zu den Aufwendungen gehören weiterhin Planungen für solche Testläufe und natürlich eine entsprechende Dokumentation der Test- und Übungskonzepte.

10.3.2 Technische Tests und Funktionstests

Zu den technischen Tests gehört die Überprüfung von technischen Mitteln, die explizit für den Notfall angeschafft, eingerichtet und vorgehalten werden.

- Dazu gehört das Schalten und Prüfen von redundanten Kommunikationsleitungen.
- Existenziell wichtig ist das Funktionieren von Notstromversorgungen:
  - Dieselmotoren
  - Batterieassemblies

- USV-Anlagen
- Prüfen der Batteriekapazität an allen Arbeitsplatzrechnern.
- Verifikation der Brauchbarkeit des Datensicherungskonzeptes; Wiederherstellbarkeit eines punktgenauen Dumps:
  - Prüfung der Datenqualität
  - Ermittlung der Dauer
  - Auswirkungen auf die aktuelle Situation.
- Das gesamte Kommunikationsnetz ist auf die Ausfallsicherheit von Clustern und einzelnen Komponenten hin zu überprüfen.

Die eigentlichen Funktionstests greifen natürlich weiter, weil sie technische Komponenten wie Kommunikationsanlagen und die gesamte Rechnerlandschaft einschließen. Vor dem Hintergrund einer simulierten Notfallsituation erfolgen die Tests top down (s. Abb. 10.5)

Bei Abb. 10.5 handelt es sich um ein Grundsatzschema. Je nach Komplexität des Hauptprozesses kann die Hierarchisierung ausgeprägter oder flacher sein. Entscheidend ist die unterste Ebene der Arbeitsanweisung (Verrichtungsebene), an der sich die Testskripte zu orientieren haben.

Getestet wird also der End-to-end-Prozess, darunter die Teilprozesse bis hinunter zur Verrichtungsebene. Darin eingebunden sind alle erforderlichen Systemgruppen. Geprüft werden das effiziente Zusammenspiel und die Abhängigkeit untereinander aller Abläufe. Neben den eigentlichen Notfallprozessen werden gleichermaßen die

- Wiederanlaufpläne und
- Wiederherstellungspläne

Zerlegung des Gesamtprozesses

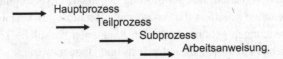

Die Ebene Arbeitsanweisung lässt ihrerseits Varianten über die Variablen „Ausgangssituation" und „Input" zu.

Die Kombination der drei Felder „Arbeitsanweisung", „Ausgangssituation" und „Input" wird über eine laufende Nummer, die der Prozesshierarchie folgt, eindeutig identifizierbar.

Akzeptanzkriterien

Für jeden identifizierten Testfall existieren Akzeptanzkriterien, die ihrerseits zerlegt sind in:
  • erwarteter Output und
  • Ziel (bezogen auf die Arbeitsanweisung).

Abb. 10.5 Prozesszerlegung

mit einbezogen. Einer gesonderten Überprüfung unterliegen die Notfallpläne für die So-fortmaßnahmen. Wenn möglich, sollte dieses unter Beteiligung von externen Ressourcen (Feuerwehr, THW) durchgeführt werden.

Das Ganze mündet dann in einen Review der protokollierten Ergebnisse, in dem die Validität der gesamten Pläne zur Notfall- und Krisenbewältigung festgestellt wird. Lassen sich einzelne Teilaspekte nicht praxisnah herstellen, muss auf die Methodik des Walk-throughs zurückgegriffen werden.

▶ **Walkthrough**   Simulation eines Prozesses oder Teilprozesses, bei dem Teilnehmer für die ihnen jeweils zugewiesenen Handlungsfolgen als Glieder in der Prozesskette zuständig sind. Der Output eines Teilnehmers ist gleichzeitig der Input für einen anderen Teilnehmer. Dabei braucht die Abarbeitung nicht unbedingt sequenziell zu verlaufen, son-dern sie kann von der Erfüllung/Nicht-Erfüllung bestimmter Bedingungen abhängen. Der Walkthrough ist in erster Linie ein erweiterter Plausibilitätscheck.

10.3.3   Übung der Zusammenarbeit des Krisenstabs

Auch die Übungen zur Zusammenarbeit des Krisenstabes basieren auf Simulationen. Hierbei geht es nicht allein um das interne Funktionieren des Krisenstabes selbst, sondern auch um die Zusammenarbeit des Krisenstabes mit den operativen Teams. Abbildung 10.6 zeigt schematisch, wie eine solche Simulation aussehen kann.

Man beginnt mit der Alarmierung, d. h. der Auslösung des Notfalls durch eine Mel-dung, die auf Form und Inhalt geprüft werden muss. Hier werden die Kommunikationswe-ge innerhalb einer Organisation getestet. Eskalation bedeutet Information an die höchste Leitungsebene und an den Notfallkoordinator, der dann den Krisenstab aktiviert. Es folgen die ersten Schritte zum Anlaufen der Notfallbewältigungsorganisation als Ganze unter Berücksichtigung der bereichsübergreifenden Zusammenarbeit mit allen in den Notfall-konzepten festgehaltenen beteiligten Stellen.

10.3.4   Simulation des Ernstfalls

Die Simulation des Ernstfalls ist die aufwändigste Übung. Sämtliche Beteiligte der Not-fallorganisation, aber auch alle betroffenen Fachbereiche – insbesondere diejenigen, die für die Kernprozesse zuständig sind – müssen aktiviert werden. Des Weiteren sollten nach Möglichkeit auch alle relevanten externen Mitspieler hinzugezogen werden, als da sind:

- externe Experten
- Feuerwehr
- Hilfsorganisationen
- Behörden.

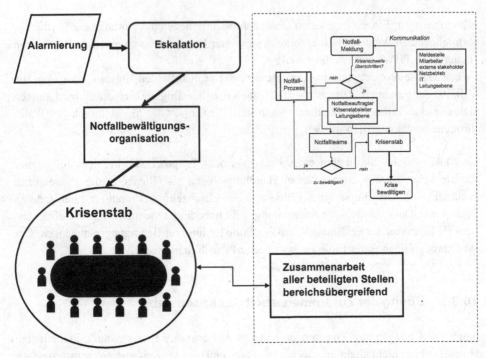

Abb. 10.6 Simulation

Tab. 10.2 Übungsarten

Übungsart	Beispiel	Aufwand
Operativ	Funktionstest	Mittel
Taktisch	Stabsübung	Mittel
Strategisch	Ernstfallübung	Sehr hoch

Die Übungen finden selbstverständlich auf allen Hierarchiestufen statt. Tabelle 10.2 fasst die Übungsarten noch einmal zusammen.

10.3.5 Dokumentation

Wie bereits erwähnt, muss ein weiteres Handbuch – das Übungshandbuch – entwickelt werden. Grundsätzlich ist bei allen Übungen zu beachten, dass der weiterlaufende Normalbetrieb möglichst wenig gestört wird. In jedem Fall kommt aber Zusatzarbeit auf die Mitarbeiter zu. Die Leitungsebene muss die Rahmenbedingungen für Tests und Übungen schaffen. Sie muss auch festlegen, auf Basis welcher strategischer Entscheidungen und Rahmenbedingungen Simulationen stattfinden sollen.

Das Handbuch selbst sollte folgende Struktur haben:

Tab. 10.3 Zuständigkeitstabelle

Rolle	Name	Org.-Einheit
Leitung	z. B. Vertreter Management	
Leitung	z. B. Notfallbeauftragter	
	z. B. Abteilungsleiter	
	z. B. Notfallkoordinator	
	z. B. Berater	
	z. B. Mitglied Krisenstab	
Tester	Tester1	
Tester	Tester2	
Tester	....	
Tester	TesterN	

1. Einordnung der Notfalltests in gesamtstrategische Überlegungen

- Welche Ziele haben die Notfalltests insgesamt?
- Welche Bedeutung haben die Übungen im Gesamtrahmen der Notfallvorsorge?
- Welche Arten von Tests gibt es?
- Die Arten der Tests sollten klassifiziert werden entsprechend
  - des Umfangs
  - des personellen Aufwands
  - der Kosten
  - der Häufigkeit und
  - der Dauer.

2. Rechtlicher Rahmen

Ein weiterer Abschnitt befasst sich mit dem rechtlichen Rahmen, der durch das Fahren solcher Tests und Übungen berührt wird.

3. Rollen definieren

Für die Tests müssen Rollen definiert werden, wie in Tab. 10.3 dargestellt:

Diese Tabelle enthält gleichzeitig die Organisationseinheiten, die betroffen sind, und die Namen der Beteiligten.

- Weiterhin ist eine Beschreibung der Testmethoden erforderlich (Simulation, Walk-through, Realtest von technischen Einrichtungen usw.).
- Je nach Test ist zu klären, inwiefern das Tagesgeschäft betroffen ist (Unterbrechung, Teilunterbrechung, paralleles Arbeiten, Zugriff auf Ressourcen usw.).
- Schließlich sollten Vorgaben gemacht werden bezüglich der Enddokumentation und der Ergebnisse. Das kann in der Form eines Testabnahmedokuments geschehen. Tabelle 10.4 zeigt eine mögliche Struktur:

Tab. 10.4 Inhalte
Testprotokoll

Testprotokoll
Verfasser
Datum
Zielsetzung
Testverfahren
Teilnehmer
Testgegenstände
Ergebnisse der Tests
Schwachstellen
Bestätigung durch Testleitung

4. Templates

Hier sollten im Übungshandbuch alle in der Konzeptphase entwickelten Templates zusammengestellt werden – also alle Dokumentvorlagen. Dazu gehören z. B. auch Meldungsformulare. Für die Tests und Übungen selbst gibt es gesonderte Vorlagen, wie

- Einladungsschreiben
- Ankündigungen
- Protokolle
- Auswertebögen.

5. Übungsdokumentation im Einzelnen

Übungen sollen periodisch stattfinden. Dafür sind die entsprechenden Zeitfenster im Kalenderjahr festzulegen. Zu berücksichtigen sind insbesondere die Urlaubszeiten der Teilnehmer, außerdem besondere Termine, die durch die Geschäftsprozesse vorgegeben sind (saisonale Spitzen, Abschlüsse, Messen etc.). Bei der Reihenfolgenplanung ist darauf zu achten, dass simple Szenarien vorgezogen werden und der Übungsumfang und -aufwand sich steigern. Die Frequenz der Übungen ist abhängig von den in der Business-Impact-Analyse ermittelten Risiken und der Kritikalität für die Kernprozesse. Die umfangreichen Ernstfallsimulationen (s. Abschn. 10.3.4) sind nicht häufiger als alle 2 bis 3 Jahre durchzuführen.

Als Rahmenparameter sind festzulegen (s. Tab. 10.5):

- die diversen Szenarien
- die Art und der Umfang der Übungen
- der Zweck und die Zielsetzung
- die geplanten Teilnehmer
- der Startzeitpunkt und
- die Dauer.

Tab. 10.5 Abnahmeobjekte

Testobjekt xyz		
Testmaßnahmen	Termin	Verantwortung
Tests ankündigen		
Steuerungsgruppe (SG) einsetzen *Aktionen:* Terminplan für Tests erstellen Testteam einrichten		
Tests durch Testteam planen *Aktionen*: Referenzdokumente zusammenstellen und prüfen Testfälle/Testprozessschritte koordinieren Testdaten definieren und anlegen Akzeptanzkriterien festlegen Terminplan für Tests aktualisieren		
Eventuell Testsysteme vorbereiten *Input:* Bereitstellungsprotokoll *Aktionen:* Dump einspielen Dokumentation xyz – und Patchstand Schnittstellen auf Startposition bringen Fachlicher Check Freigabe Tagesszenarien		
Teiltests durchführen *Input:* Testprozessschritte Ablaufplan Einzelfunktionen *Output:* Testberichte, Schwachstelle dokumentieren *Aktionen:* Abarbeiten der Testprozessschritte		

Für jeden Test bzw. jede Übung ist ein Testkonzept zu erstellen. Darin sind festzuhalten:

* Detailplanung und -beschreibung (s. Tab. 10.6)
  Für jeden Prozessschritt (Handlungsanweisung; s. auch „Workaround") sind entsprechende Skripte zu erstellen.
* Randbedingungen (z. B. parallel zum Tagesgeschäft oder bei Stillstand)
* eingesetzte Tools (benötigte Systeme, Kommunikationseinrichtungen)
* Bezeichnung der Übung
* Datum, Zeiten und Dauer
* Ort
* Übungsleitung (s. Tab. 10.3)
* Teilnehmer (s. Tab. 10.3)
* Beobachter (s. Tab. 10.3)
* Protokollführer (s. Tab. 10.3)
* Teilprozess (entsprechend Abb. 10.5)

Tab. 10.6 Testskripte

Testskript	
Teilprozess	
Subprozess	
Arbeitsanweisung	
Lfd. Nr.	
Variante	
Input	
Output	
Akzeptanzkritrien	

- Subprozess (entsprechend Abb. 10.5)
- Arbeitsanweisung: kleinster Prozessschritt, auf der Verrichtungsebene, z. B. Dateneingabe für einen Geschäftsvorgang
- Lfd. Nr.: eindeutige Ident-Nummer für jede Variante der Arbeitsanweisung, gewöhnlich aus der Hierarchie des Prozesses (z. B. 1.2.3.4)
- Variante: Differenzierung der Ausgangssituation für die Arbeitsanweisung, z. B. „Kunde kann nicht telefonieren"
- Input: Batch- oder Online-Eingabe oder organisatorische Anweisung
- Output: zu erwartender Output nach Exekution eines Prozessschrittes etc.
- Akzeptanzkriterien: zusätzliche Kriterien zu „Output" (z. B. Freischaltung für Zugriffe auf bestimmte Daten, Performance etc.)

Das komplette Drehbuch für ein dediziertes Szenario sollte folgende Elemente enthalten:

- Ausgangslage (Notfall, Krise, Katastrophe, betroffene Prozesse, betroffene Einrichtungen)
- zeitlicher Ablauf
- vordefinierte Ereignisse
- Ablaufreihenfolge (Sequenz der einzelnen Prozessschritte)
- möglichst realistische Entwicklungsmöglichkeiten

Zu Beginn jedes Szenarios, d. h. nach simulierter Alarmierung, findet eine Lagebesprechung über die aktuelle Situation statt (s. Tab. 10.7).

Tab. 10.7 Template zur Lagebesprechung

Lfd. Nr.	Datum/ Uhrzeit	Maßnahme	Zielsetzung	Verantwortlicher	Werkzeuge

6. Verantwortlicher für die Übungsdokumentation

Das kann entweder der Notfallbeauftragte oder eine von ihm delegierte Person sein. Als Autor entwickelt dieser nicht nur die Übungspläne, sondern ist federführend tätig bei der gesamten Übungsvorbereitung inklusive der Lokalitäten, in denen die Übung stattfinden soll. Er ist außerdem verantwortlich für die Abstellung geeigneten Übungspersonals aus den Fachbereichen. Zusammen mit den Notfallkoordinatoren entwickelt er die detaillierten Skripte für die Prozessschrittfolgen.

7. Neutrale Beobachter

Um ein unbefangenes Bild über den Erfolg einer Übung zu erhalten, werden Menschen herangezogen, die nicht als unmittelbar Beteiligte an der Übung teilnehmen. Das können sein:

- z. B. Mitglieder der Innenrevision
- Mitarbeiter aus nicht betroffenen Bereichen
- externe Experten
- Vertreter von Behörden
- Hilfsorganisationen.

Diese Personen greifen nicht in das Geschehen ein, können aber später bei der Auswertung mit hinzugezogen werden. Die Übungsergebnisse werden dann im Testprotokoll (Tab. 10.4) dokumentiert.

Unter „Ergebnis der Tests" findet eine Mängelbewertung ihren Niederschlag:

A = ohne Mängel
B = vorbehaltlich der Beseitigung der Mängel abgenommen (die Beseitigung der Mängel wird nachvollziehbar über die Schwachstellen-Dokumentation verwaltet und verfolgt)
C = nicht abgenommen

10.3.6 Nachhaltigkeit

Ähnlich wie bei anderen Aspekten des Testmanagements auch spielt bei der Überprüfung, Einhaltung und Fortentwicklung der nach dem amerikanischen Qualitätsguru Deming benannten Prozess auch beim Testen des IT-Notfalls eine wichtige Rolle. Die Abb. 10.7 zeigt diesen Prozess schematisch:

Es geht immer wieder um den gleichen Zyklus: **Systemaufbau → Einführung → Analyse → Verbesserung.**

Das, was für die Tests und Übungen angeregt wurde, muss organisatorisch und technisch vorbereitet werden. Dann erfolgt die Testung unter Einbeziehung aller Beteiligten. Dabei werden Erfahrungen gesammelt, die dann schließlich wieder in neue Vorschläge

Abb. 10.7 Deming-Prozess

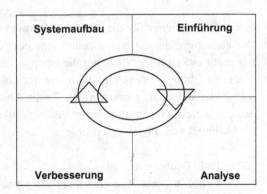

und Verbesserungen in den Prozess einfließen. Und der Prozess wird später unter den neuen Bedingungen wieder getestet. Es handelt sich also um einen kontinuierlichen Prozess mit festgelegten Review-Intervallen. Auch geht es nicht ausschließlich um Verbesserungen aufgrund von anfänglichen Design-Fehlern. Vielmehr soll durch den Gesamtprozess sichergestellt werden, dass gerade im Kommunikationsbereich Schritt gehalten wird mit den neuesten technologischen Entwicklungen in Bezug auf das Notfallmanagement.

Hier noch einmal die Zusammenfassung des Übungsablaufs:

Planung und Freigabe → Vorbereitung → Durchführung → Nachbereitung

Anhang 2: Projektmanagement

11

11.1 Technische und organisatorische Hilfsmittel

Die bisher behandelte Vorgehensweise bei der Entwicklung der Voraussetzungen für ein gelingendes Notfallmanagement inklusive Testung hat klar gezeigt, dass sich diese nur im Rahmen eines eigenständigen Projektes realisieren lassen. Deshalb bietet es sich an, die zugehörigen organisatorischen Maßnahmen durch eine entsprechende Systemstützung zu flankieren. Eine solche systemtechnische Flankierung ist sinnvoll, um die gesamte Komplexität eines solchen Projektes besser zu beherrschen. Systeme, die das Projektmanagement unterstützen, laufen unter dem Kürzel PMS: Projektmanagementsystem. Auf diese soll in diesem Kapitel näher eingegangen werden.

Folgende Aspekte werden dabei vertieft:

- Zielsetzung und Aufgaben eines PMS
- technische Möglichkeiten und funktionale Ausprägungen
- die wichtigsten Grundfunktionalitäten
- spezifische Funktionalitäten im Einzelnen, als da sind:
  - Vorgangsplanung
  - Meilensteinplan
  - Kapazitätsmanagement
  - Gantt-Diagramm
  - Netzplantechnik
  - kritische Pfade
  - Kostenüberwachung.

© Springer-Verlag Berlin Heidelberg 2016
W. W. Osterhage, *Notfallmanagement in Kommunikationsnetzen*, Xpert.press,
DOI 10.1007/978-3-662-45660-6_11

11.2   Zielsetzung und Aufgaben

PMS sollen Projekte ab einer gewissen Komplexität so unterstützen, dass eine erleichterte Abwicklung möglich wird. Dabei soll Transparenz entstehen über:

- den Projektfortschritt
- zeitliche Engpässe
- personelle Engpässe und
- die Kosten.

All das dient dazu, letztendlich die Projektziele zu erreichen. Der Aufwand zur Pflege der PMS-Daten sollte dabei in einem wirtschaftlich vernünftigen Verhältnis zum sonstigen Projektaufwand stehen. Je nach Komplexitätsgrad kommen PMS mit unterschiedlichen Mächtigkeiten zum Einsatz.

Neben der planerischen Aufgabe soll ein PMS auch in der Lage sein, rechtzeitig im Projektverlauf Auskunft darüber zu geben, ob es Störungen, Zeitüberschreitungen, Kapazitätsengpässe oder Kostenüberschreitungen gibt. Es soll also auch als Steuerungsinstrument dienen.

Um all diese Anforderungen zu erfüllen, sind neben den zu ermittelnden Basisdaten, die den Projektplänen zugrunde liegen, auch laufend Statusdaten aus dem Projektverlauf selbst zu erfassen, die zum Abgleich der ursprünglichen Planung mit dem tatsächlichen Geschehen herangezogen werden müssen. Dieser Aufwand ist nicht zu unterschätzen. Für PMS gilt wie für alle anderen betriebswirtschaftlichen Systeme auch: die Qualität der Systemstützung hängt von der Datenqualität, des Inputs seiner Bediener, ab. Hat man sich einmal für den Einsatz eines PMS entschieden, sollte die Datenpflege auch ernsthaft betrieben werden. Halbherzigkeit führt zu unnötigem Aufwand und dabei noch zu falscher Projektdokumentation.

Für das Berichtswesen an die Projektleitung bieten PMS normalerweise eine ganze Anzahl von Möglichkeiten, die direkt in Berichte übernommen werden können, ohne dass aufwändige Neuverfassungen erforderlich sind.

11.3   Möglichkeiten und Umfang

Die auf dem Markt befindlichen PMS haben unterschiedliche Ausprägungen an Funktionalität. Dementsprechend bedürfen sie jeweils entsprechender technischer und organisatorischer Voraussetzungen für ihre effiziente Nutzung. Die meisten Systeme laufen auf gängigen PCs und können im Rahmen der Abwicklung von Projektassistenten im Zusammenhang mit der sonstigen Projektarbeit bedient werden. Eine gewisse Schulung ist dabei erforderlich. Daneben gibt es große Serveranwendungen. Solche PMS bieten nicht notwendigerweise viele zusätzliche Funktionen, sondern zeichnen sich durch erhöhte Leistungsfähigkeit im Datendurchsatz und durch erweiterte Simulationsmöglichkeiten aus. Wegen des hohen Datenvolumens und der durch viele Aktivitäten bedingten Komplexität und Abhängigkeiten werden diese Systeme meistens durch spezielle Teams betreut.

11.4 PMS-Funktionalitäten

Die ganze Palette von angebotenen Möglichkeiten darzustellen würde an dieser Stelle den Rahmen sprengen. Deshalb sollen im Folgenden nur die wesentlichen PMS-Funktionalitäten vorgestellt werden:

- Verwaltung von Vorgängen
- Gantt-Diagramm
- Meilensteinplan
- Kapazitätsmanagement
- Netzplan.

11.4.1 Verwaltung von Vorgängen

Abbildung 11.1 zeigt eine typische Vorgangsliste, wie sie z. B. in Microsoft Project© angelegt wird. Hierin müssen alle für das Projekt relevanten Einzelaktivitäten erfasst werden. Schon an dieser Stelle zeigt sich, dass eine entsprechende Vorstrukturierung des Gesamtprojekts notwendig ist. Die Reihenfolge der Vorgangsbearbeitung wird über die Anfangs- und Enddaten bzw. die Vorgangsdauer festgelegt. Es macht Sinn, schon bei der Erfassung möglichst auch die zeitliche Abfolge zu berücksichtigen. Das hilft später bei den diversen grafischen Darstellungen, um diese übersichtlich zu gestalten.

Auf der linken Seite haben wir eine laufende Nummer, die zunächst vom System vergeben wird. In der nächsten Spalte erscheint dann der Vorgangsname als sprechende Langtextbezeichnung. Ihm folgt das Startdatum. Bei der Datumsvergabe sorgt ein interner

	Vorgangsname	Dauer	Anfang	Ende
1	Kick off	1 Tag	Do 03.12.15	Do 03.12.15
2	Schadenskette analysieren	15 Tage	Fr 18.12.15	Fr 08.01.16
3	Risiken zusammenfassen	6 Tage	Do 10.12.15	Mi 16.12.15
4	Strategien entwickeln	2 Tage	Mo 07.12.15	Di 08.12.15
5	Ergebnisse dokumentieren	3 Tage	Mo 11.01.16	Mi 13.01.16

Abb. 11.1 Vorgangsliste aus MS-Project©

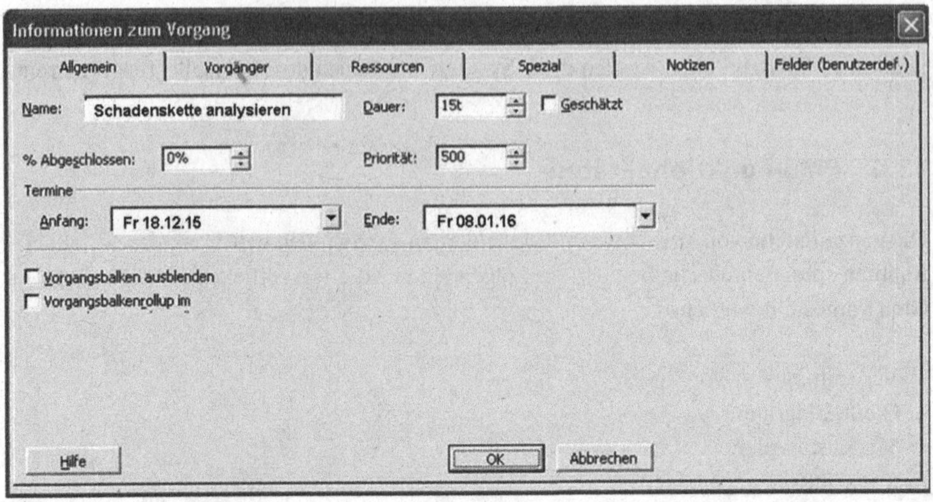
Informationen zum Vorgang
Allgemein
Vorgänger
Ressourcen
Spezial
Notizen
Felder (benutzerdef.)
Name: Schadenskette analysieren
Dauer: 15t
Geschätzt
% Abgeschlossen: 0%
Priorität: 500
Termine
Anfang: Fr 18.12.15
Ende: Fr 08.01.16
Vorgangsbalken ausblenden
Vorgangsbalkenrollup im
Hilfe
OK
Abbrechen

Abb. 11.2 Einzelvorgang

Kalender für Warnungen, wenn ein solches Datum nicht existiert (z. B. 31.11.) oder auf einen Sonn- oder Feiertag fällt. Danach kann dann die Vorgangsdauer eingegeben werden, aufgrund derer das Enddatum berechnet wird. Man kann auch das Enddatum festlegen und das System rechnet dann die Vorgangsdauer aus. Es lässt sich allerdings nicht über bestimmen, indem z. B. eine Dauer festgelegt wird und man gleichzeitig versucht, dieser ein unplausibles Enddatum zuzuordnen.

Den Vorgang kann man dann im Detail betrachten (s. Abb. 11.2) und zusätzliche Informationen einpflegen.

Hier soll der Einfachheit halber die Betrachtung der anderen Reiteroptionen zurückgestellt werden. Im Wesentlichen werden in der Detaildarstellung die Daten aus der Vorgangsliste wiederholt. Zusätzlich erscheint ein Feld mit der prozentualen Fertigstellungsangabe. Dieses Feld kann manuell gepflegt werden. Seine Verwendung wird weiter unten erläutert.

11.4.2 Gantt-Diagramm

Im Gantt-Diagramm werden übersichtlich wesentliche Projektplanungs- und Fortschrittsdaten auf einen Blick grafisch dargestellt (s. Abb. 11.3):

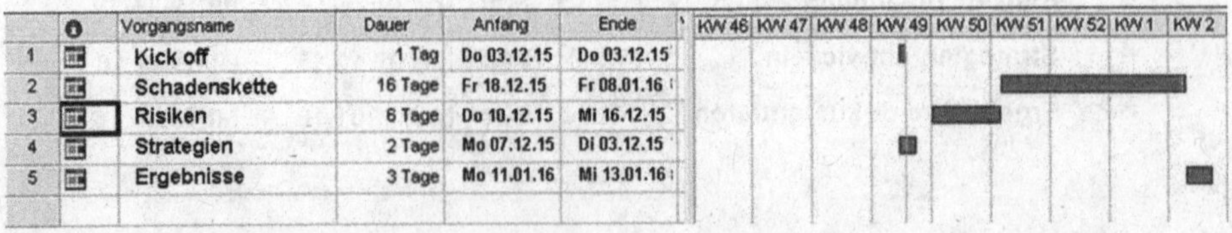
Vorgangsname
Dauer
Anfang
Ende
KW 46 KW 47 KW 48 KW 49 KW 50 KW 51 KW 52 KW 1 KW 2
1 Kick off 1 Tag Do 03.12.15 Do 03.12.15
2 Schadenskette 16 Tage Fr 18.12.15 Fr 08.01.16
3 Risiken 6 Tage Do 10.12.15 Mi 16.12.15
4 Strategien 2 Tage Mo 07.12.15 Di 03.12.15
5 Ergebnisse 3 Tage Mo 11.01.16 Mi 13.01.16

Abb. 11.3 Gantt-Diagramm

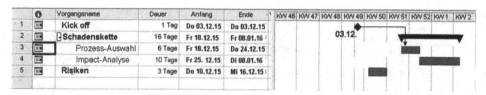

	①	Vorgangsname	Dauer	Anfang	Ende
1	▦	Kick off	1 Tag	Do 03.12.15	Do 03.12.15
2	▦	⊟ Schadenskette	16 Tage	Fr 18.12.15	Fr 08.01.16
3	▦	Prozess-Auswahl	6 Tage	Fr 18.12.15	Do 24.12.15
4	▦	Impact-Analyse	10 Tage	Fr 25. 12.15	DI 08.01.16
5	▦	Risiken	3 Tage	Do 10.12.15	Mi 16.12.15

Abb. 11.4 Sammelvorgänge

- der Vorgang selbst mit seiner Bezeichnung
- die Vorgangsdauer
- der Beginn des Vorgangs und
- das Ende des Vorgangs.

Gleichzeitig erscheint auf der x-Achse oben ein Kalender, der sich in unterschiedlichen Feinheitsgraden konfigurieren lässt. Bei Bedarf kann man auch eine zweite Kalenderachse einblenden, die eine Verfeinerung der obersten ist. So können oben z. B. Monate und darunter Wochen oder oben Wochen und darunter Tage dargestellt werden. Unterhalb dieses Kalenders sind die Einzelvorgänge als Zeitbalken abgebildet.

Man kann Vorgänge hierarchisch beordnen, in dem man bestimmte Vorgangsgruppen zu sogenannten Sammelvorgängen wie in Abb. 11.4 zusammenfasst:

In der Abbildung gehören zum Sammelvorgang „Schadenskette", der als schwarzer Balken erscheint, die Einzelvorgänge „Prozess-Auswahl" und „Impact-Analyse". Der Sammelvorgang umschließt das früheste Startdatum und das späteste Enddatum aller zugeordneten Einzelvorgänge.

An dieser Stelle lässt sich auch die Verwendung des Erfüllungsgrades („% abgeschlossen" aus der Vorgangsbearbeitungsmaske) wie in Abb. 11.5 darstellen.

Der Erfüllungsgrad wird als kleinerer schwarzer Balken innerhalb eines Vorgangsbalkens sichtbar, um den Projektfortschritt zu dokumentieren. Lässt man sich auf die Pflege des entsprechenden Feldes ein, ist ein entsprechender Aufwand zu berücksichtigen.

Die sehr vereinfachten Gantt-Darstellungen lassen eine ganze Anzahl von Möglichkeiten aus. Dazu gehören:

- Verknüpfung mit Vorgängervorgang
- Dokumentation des Vorgangsverantwortlichen
- Kapazitätsdarstellungen.

	①	Vorgangsname	Dauer	Anfang	Ende
1	▦	Kick off	1 Tag	Do 03.12.15	Do 03.12.15
2	▦	⊟ Schadenskette	16 Tage	Fr 18.12.15	Fr 08.01.16
3	▦	Prozess-Auswahl	6 Tage	Fr 18.12.15	Do 24.12.15
4	▦	Impact-Analyse	10 Tage	Fr 25. 12.15	DI 08.01.16
5	▦	Risiken	3 Tage	Do 10.12.15	Mi 16.12.15

Abb. 11.5 Erfüllungsgrad

	ⓞ	Vorgangsname	Dauer	Anfang	Ende	KW 46	KW 47	KW 48	KW 49	KW 50	KW 51	KW 52	KW 1	KW 2
1	🔳	Kick off	1 Tag	Do 03.12.15	Do 03.12.15									
2	🔳	Schadenskette	16 Tage	Fr 18.12.15	Fr 08.01.16									
3	🔳	Risiken	6 Tage	Do 10.12.15	Mi 16.12.15									
4	🔳	Strategien	2 Tage	Mo 07.12.15	Di 03.12.15									
5	🔳	Ergebnisse	3 Tage	Mo 11.01.16	Mi 13.01.16									

Abb. 11.6 Meilensteinplan

Insgesamt aber ist das Gantt-Diagramm die wohl am häufigsten verwendete Darstellung im Projektmanagement.

11.4.3 Meilensteinplan

Der Meilensteinplan in Abb. 11.6 ist eine Art Subset des Gantt-Diagramms.

Auch hier sieht man wieder alle Vorgänge. Meilensteine sind durch schwarze Rauten dargestellt. Ein Meilenstein kann sich am Ende eines Vorgangs befinden. Der Vorgang ist damit abgeschlossen. Er kann aber auch allein stehen für eine Einmalaktivität von kurzer Dauer – z. B. ein Entscheidungsvorgang. Der Meilenstein ist immer an einen konkreten Termin gebunden und meistens als Ziel oder Teilziel vorgegeben. In diesem Fall sollte die Vorgangsterminierung, was die Dauer betrifft, nach rückwärts erfolgen.

Das System schreibt für einen Meilenstein den Termin bzw. den Endtermin daneben. In dieser Abbildung sind auch beispielhaft Verknüpfungen zwischen Vorgänger- und Nachfolgevorgängen dargestellt.

11.4.4 Kapazitätsmanagement

Für das Kapazitätsmanagement stellt die Vorgangsbearbeitung (s. o.) einen eigenen Reiter zur Verfügung. In der Abb. 11.7 ist das zugehörige Fenster dafür geöffnet.

Für jeden Vorgang lassen sich so die verplanten Kapazitäten bzw. Ressourcen identifizieren und deren Anteil an der Projektarbeit für diesen Vorgang als Prozentzahl einstellen. Außerdem wird noch einmal die Dauer angezeigt, über die dieser Zeitanteil gilt. Selbstverständlich lassen sich für einen Vorgang mehrere Ressourcen einplanen.

11.4.5 Netzplan

Die Netzplantechnik ist in DIN 69.900 niedergelegt. Als Projektsteuerungsinstrument zeigt ein Netzplan nicht nur die zeitlichen, sondern auch die logischen Abhängigkeiten von Vorgängen innerhalb eines Projektes auf. In diesem Beispiel sind nur wenige Vorgänge zu sehen. Es gibt aber Netzpläne, die Hunderte von Vorgängen beinhalten. Auf solchen

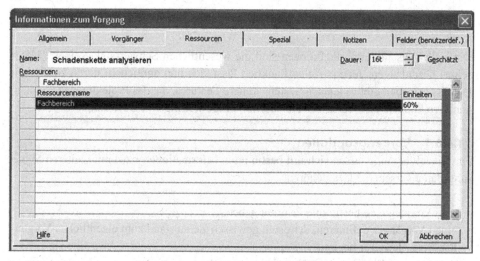

Abb. 11.7 Ressourcen

großen „Tapeten" wird dann schlagartig die Gesamtkomplexität von großen Projekten sichtbar.

In dem Beispiel in Abb. 11.8 finden sich alle unsere Einzelvorgänge wieder. Der Einfachheit halber sind nur drei der Vorgänge als Nachfolger definiert.

11.4.5.1 Kritscher Pfad

Aus dieser einfachen Darstellung wird bereits der kritische Pfad ersichtlich: Sind Vorgänge 2 und 3 nicht abgeschlossen, kommt das Projekt entweder zum Stillstand oder es muss eine Neuterminierung vorgenommen werden. Hier wird auch deutlich, dass es wichtig ist, für alle Vorgänge Ressourcen zu benennen und z. B. die Beteiligung des Fachbereichs festzulegen. Das heißt, der kritische Pfad stellt sich nicht nur als ein zeitliches und logisches, sondern auch als ein Ressourcenproblem dar.

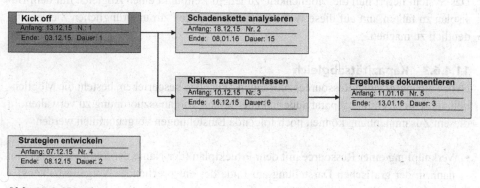

Abb. 11.8 Netzplan

11.4.6   Erweiterte Funktionalitäten

Die bisher geschilderten Funktionen sind die wesentlichen Schwerpunkte eines PMS in seinen Grundzügen. Jede einzelne Funktion lässt sich nun anreichern durch zusätzliche Details. Daneben gibt es je nach System weitere Features, die das Projektmanagement erleichtern können. Hier seien beispielhaft nur einige wichtige kurz erwähnt:

11.4.6.1   Vorgangsoptionen

Die Einzelvorgänge lassen sich mit bestimmten Informationen bzw. mit weiteren Steuerungsdaten versehen. Dazu gehören:

- dem Vorgang eine bestimmte Priorität geben,
- einen Vorgänger definieren, der einen gewissen Zeitabstand zum eigentlichen Vorgang hat, bevor letzterer beginnt
- dem Vorgang Einschränkungen auferlegen, z. B.
  - Start so früh wie möglich
  - Start so spät wie möglich
  - Start nicht früher als Datum ttmmjj
  - …
- Vorgang unterbrechen
- Vorgang als periodisch wiederkehrend definieren.

Außerdem kann jeder Vorgang mit Freitextkommentaren versehen werden.

11.4.6.2   Der Basisplan

Beim erstmaligen Anlegen eines Projektes in einem PMS kann diese Version als sogenannter Basisplan definiert werden. Der Basisplan bleibt immer bestehen und wird im Zuge der Projektabwicklung nicht den sich verändernden Umständen angepasst. Ihm gegenüber gibt es dann einen „lebenden" Projektplan mit zunächst den identischen Plandaten, die sich aber im Laufe des Projektes zeitlich und auch inhaltlich ändern können. Das System liefert nun die Möglichkeit, zu jedem Zeitpunkt einen Abgleich mit dem Basisplan zu fahren, um auf diese Weise die Veränderungen zur ursprünglichen Zielsetzung deutlich zu machen.

11.4.6.3   Kapazitätsabgleich

Neben einer einfachen Ressourcenzuordnung, wie oben beschrieben, besteht die Möglichkeit, diese noch einmal separat außerhalb der reinen Vorgangszuordnung zu verwalten. In diesem Zusammenhang können noch folgende Einstellungen vorgenommen werden:

- Verknüpfung einer Ressource mit dem Projektplan (der Name der Ressource erscheint dann in der grafischen Darstellung am Ende des entsprechenden Vorgangsbalkens) – wie oben dargelegt

Tab. 11.1 Checkliste PMS

In wie viele Einzelvorgänge kann ich mein Projekt zerlegen?
Welche Vorgänge kann man als Sammelvorgänge gruppieren?
Wie viele Projektmitarbeiter sind eingeplant? Rechtfertigt die Anzahl den Einsatz des Kapazitätsmoduls?
Welches wird die Hauptprojektvorlage für die Projektfortschrittsberichte: Meilensteinplan oder Gantt-Diagramm?
Um eine Vorstellung für die Projektkomplexität zu erhalten, sollte das Verhältnis von tatsächlichen Vorgangsverknüpfungen zu allen Einzelvorgängen grob bestimmt werden. Rechtfertigt die Komplexität den Einsatz der Netzplantechnik?
Gibt es bereits ein Projektkosten-Controlling im Unternehmen oder sollen dessen Kosten direkt über das PMS verfolgt werden?
Kann man das Projekt einfach nach vorne oder nach hinten planen oder sind die Abhängigkeiten so groß, dass zeitliche Einschränkungen im Einzelnen berücksichtigt werden müssen?
Soll mit einem Basisplan gearbeitet werden, weil viele oder starke Abweichungen zu erwarten sind, oder reicht ein Stand-alone-Projektplan?
Welche Berichte werden von der Projektleitung erwartet? Davon hängen unter Umständen weitere Detaileinstellungen und Datenerfassungen ab, damit diese Berichte standardmäßig produziert werden können.

- Verknüpfung mit Arbeitszeiten, Schichtkalender etc.
- Zuordnung von Kostensätzen
- Zuordnung von Buchungselementen.

Diese zusätzlichen Informationen ermöglichen zweierlei:

- einen realistischen Kapazitätsabgleich SOLL-IST und
- einen vorgangsbezogenen Kostenbericht.

11.4.6.4 Checkliste beim Einsatz eines PMS

Ein PMS kann sehr hilfreich sein, um einer Projektleitung den Rücken von administrativen Aufgaben frei zu halten. Es ist aber eine wirtschaftliche Balance zu halten zwischen diesem Gewinn und dem zusätzlichen Overhead, das durch den Einsatz eines solchen Systems unweigerlich entsteht. Die wichtigsten Fragen dazu können bei der Ausschöpfung bzw. Einschränkung der angebotenen Funktionalitäten und einer ersten Konfiguration eines Projektes durch ein PMS behilflich sein (Tab. 11.1).

11.5   Fazit

Schritt 1:   Identifizierung der wesentlichen Kriterien für ein PMS aus dem Projekt heraus
Schritt 2:   Auswahl eines geeigneten Systems
Schritt 3:   Schulung der einzusetzenden Mitarbeiter
Schritt 4:   Auswahl der zu nutzenden Funktionen
Schritt 5:   Aufbereitung der Basisdaten
Schritt 6:   Einpflegen der Daten
Schritt 7:   Aktualisieren mit Projektfortschritt
Schritt 8:   Steuern nach Projektfortschritt
Schritt 9:   Aufbau und Nutzung des Berichtswesens

Synopse 12

Im Zuge der bisherigen Erörterungen ist eine Reihe von Versatzstücken zur Sprache gekommen, die teilweise isoliert nebeneinander zu stehen scheinen:

- Schadensszenarien
- Risiken
- Wahrscheinlichkeiten
- BIA
- Strategie
- Notfallprozess etc.

In diesem Kapitel soll noch einmal der übergeordnete Zusammenhang aufgezeigt werden, und wie sich die einzelnen Elemente untereinander verhalten.

Dazu ist es wichtig, zwischen den beiden Hauptansätzen zu differenzieren:

- Notfallvorsorge und
- Notfallbewältigung (s. Abb. 12.1).

Die Notfallvorsorge ist als Projekt zu fahren, welches, was seine Struktur betrifft, vorab wie in Abb. 12.2. definiert werden sollte.

Inhaltlich lässt es sich in folgende Phasen aufgliedern (s. Abb. 12.3):

- Grunddatenerhebung mit
  - Inventarisierung der gesamten IT- und Kommunikationsinfrastruktur
  - Gesamtprozessaufnahme

© Springer-Verlag Berlin Heidelberg 2016
W. W. Osterhage, *Notfallmanagement in Kommunikationsnetzen,* Xpert.press,
DOI 10.1007/978-3-662-45660-6_12

Notfallmanagement

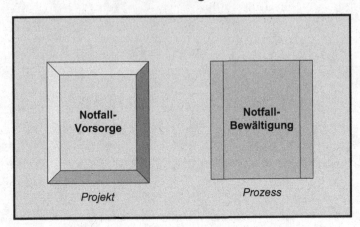

Abb. 12.1 Hauptansätze

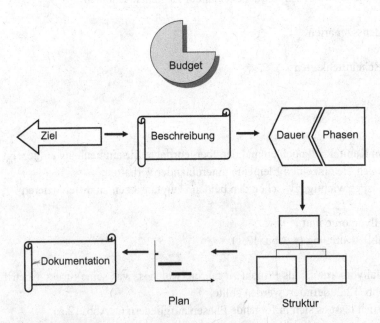

Abb. 12.2 Projektdefinition

- – Identifikation und Dokumentation der Kernprozesse
- – Zusammenstellung aller Hilfsunterlagen (Lagepläne, Fluchtpläne, SLAs, Telefon-verzeichnisse, Verträge etc.)
- • Entwicklung von Schadensszenarien
- – Risiken
- – Eintrittswahrscheinlichkeiten
- – Auswirkungen

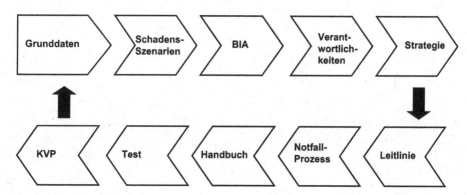

Abb. 12.3 Projektphasen

- BIA
- Definition von Verantwortlichkeiten für den Ernstfall
  - Personen
  - Aufgaben
- Strategische Vorgaben
- Leitlinie
- Entwicklung des potenziellen Notfallprozesses
- Konsolidierung der erarbeiteten Materialien in ein Notfall-Handbuch
- Tests und Übungen
- KVP.

Das Zusammenspiel all dieser Komponenten ist in seiner Logik noch einmal in Abb. 12.4 dargestellt.

Abb. 12.4 Zusammenspiel

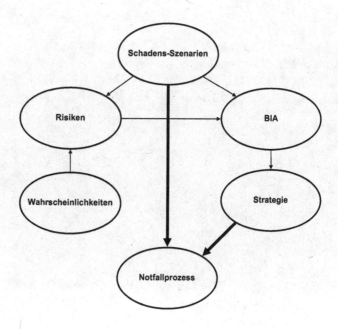

Tabelle 13.1 stellt eine Checkliste vor, die hilfreich sein kann bei der IT-Notfallvorsorge.

Tab. 13.1 Checkliste

Maßnahme	Erläuterung
Benennung eines Verantwortlichen für das Projekt „Notfallvorsorge" durch die Unternehmensleitung	
Kommunikation des Projektzieles durch die Unternehmensleitung an alle	Es ist wichtig, dass alle Mitarbeiter davon überzeugt sind, dass es sich bei dem Projekt um eine „Chefsache" handelt
Erstellen einer allgemeinverständlichen Projektbeschreibung	Durch den Projektleiter
Festlegung der Projektdauer und Erstellen eines Projektphasenplans	Auswahl eines Projektmanagement-Tools
Festlegen der Projektstruktur	Arbeitsgruppen, Ressourcen, Berichtswesen
Aufstellen eines detaillierten Projektplans	Mit allen Aktivitäten und Meilensteinen
Am Ende des Projekts eine komplette Ergebnisdokumentation	Leitlinie, Handbuch
Aufnahme der IT- und Kommunikationslandschaft	Dazu gehören die Betriebsmittel, die für das Funktionieren des Unternehmens selbst erforderlich sind, aber auch das gesamte Kommunikationsnetz für die Kunden
	Ohne eine detaillierte Kenntnis dieser Landschaft (Hardware und Software) sind Alternativ- bzw. Wiederherstellungsszenarien nicht denkbar
Aufnahme aller Unternehmensprozesse	Kernprozesse und Querschnittsprozesse

© Springer-Verlag Berlin Heidelberg 2016
W. W. Osterhage, *Notfallmanagement in Kommunikationsnetzen,* Xpert.press,
DOI 10.1007/978-3-662-45660-6_13

Tab. 13.1 (Fortsetzung)

Maßnahme	Erläuterung
Detaillierung der Kernprozesse bis auf Verrichtungsebene	Es kann später die Notwendigkeit bestehen, bestimmte Abläufe auf den unteren Ebenen der Prozesshierarchie manuell statt maschinell zu verarbeiten
Konsolidierung aller Hilfsunterlagen	Dazu gehören.Telefonverzeichnisse, Lagepläne von Liegenschaften, Vertragsunterlagen etc. Diese Unterlagen sind als Anlagen ins Handbuch zu integrieren und dienen im konkreten Notfall dazu, schnell handlungsfähig zu sein, aber auch später Altzustände z. B. an Lokalitäten wieder herzustellen
Schadenszenarien entwickeln	Hierbei sind insbesondere Schwachstellen zu berücksichtigen, die spezifisch für ein Unternehmen sind, z. B. gegeben durch seine geografische Lage (an Flussläufen, Auftreten häufiger Sturmschäden, Nähe von Gefahrengütern) oder in der eigenen Infrastruktur, ungenügender Absicherung von Hardware und Netzen usw.
Abschätzung von Risiken bei bestimmten hypothetischen Ereignissen	Diese Risiken müssen sich jeweils auf konkrete Teilprozesse der Kernprozesse beziehen
Kopplung der Risikoabschätzung mit Eintrittswahrscheinlichkeiten	Ausschluss bestimmter Risiken (z. B. Erdbeben in stabilen Zonen) und Gewichtung anderer Risiken
Auswirkungen	Materiell, auf die Fortführung von Prozessen oder Teilen daraus, Außenwirkung, gesetzlich, vertraglich
Business-Impact-Analyse	Wie in Abschn. 8.2 erläutert
Benennung von Verantwortlichkeiten für den Notfallprozess	Alle Rollen aus Abschn. 5.2.3
Strategische Vorgaben entwickeln	Das ist nur im Zusammenwirken mit der Unternehmensleitung möglich. Hierbei geht es um das Minimum von Funktionsfähigkeit des Unternehmens nach einem Notfall, ohne das der Unternehmenszweck verloren gehen würde
Leitlinie erstellen	Dies ist der erste Teil der Ergebnisdokumentation des Vorsorgeprojekts
Entwicklung des Notfallprozesses	Unter Berücksichtigung der Leitlinie, den Ergebnissen der BIA müssen Arbeitsgruppen für die jeweiligen Prozesse – insbesondere die Kernprozesse – jetzt den kompletten Notfallprozess in unterschiedlichen Ausprägungen (je nach Schadens- und Auswirkungsannahmen) mit allen erforderlichen Handlungsanweisungen entwickeln
Erstellen des Notfall-Handbuchs	Wie in Abschn. 10.2 beschrieben

Tab. 13.1 (Fortsetzung)

Maßnahme	Erläuterung
Tests und Übungen	Wie in Abschn. 10.3 beschrieben; hierbei handelt es sich wiederum um ein eigenständiges Projekt, zu dem eine entsprechende Struktur entwickelt werden muss
Kontinuierlicher Verbesserungsprozess	Diese Maßnahme ist nicht mehr Teil des Vorsorgeprojektes, sondern quasi eine Linienaufgabe für den Notfallbeauftragten, der die im Projekt festgelegten Inhalte anhand von zyklischen Tests und deren Ergebnissen überprüft und gegebenenfalls in Abstimmung mit anderen Beteiligten modifiziert

Literatur

BSI, BSI-Standard 100-4 V1.0, Bonn, 2008
Standard ISO 22301

© Springer-Verlag Berlin Heidelberg 2016
W. W. Osterhage, *Notfallmanagement in Kommunikationsnetzen,* Xpert.press,
DOI 10.1007/978-3-662-45660-6

Sachverzeichnis

© Springer-Verlag Berlin Heidelberg 2016
W. W. Osterhage, *Notfallmanagement in Kommunikationsnetzen*, Xpert.press,
DOI 10.1007/978-3-662-45660-6